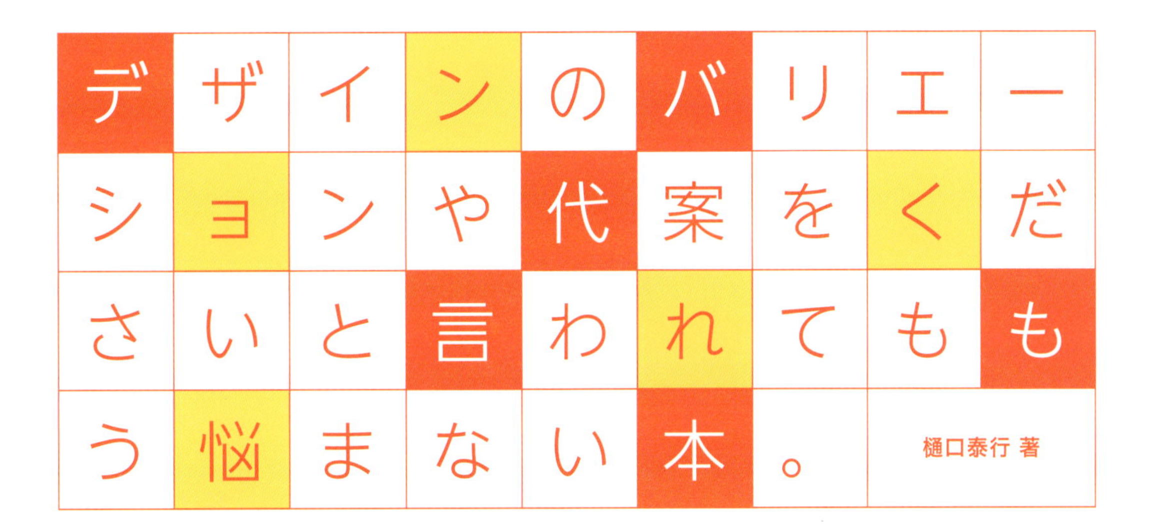

樋口泰行 著

はじめに

デザインは「センスを磨く」などの抽象的な言葉だけで身に付くものではなく、学習によって身に付くものだと日頃から考えていました。デザインを研究して身に付けるには、紙やWeb上で作成されたさまざまな文字やレイアウト表現を見て分析することが大切です。そのデザインを紐解いていくと、どのようなテクニックを組み合わせて作成されているかを知ることができます。

デザインは、そのテクニックを学び蓄積したスキルから、新しい表現を再構築する学問といえるでしょう。デザインを分析して評価する技術は方法を学べば誰でも持てるはずです。しかし、どのような方法で学べばいいのかわからないことが多かったかと思います。このようなデザインの法則を言葉だけでなく、見えるように形にすることを目指したのが本書です。

デザインの正解は1つではなく、複数の提案から最良の結果へと導く登山のようなものです。本書は、さまざまなデザインを制作するうえでヒントになる表現方法を集めて解説しています。与えられた素材から複数のデザインのバリエーションを考えなければならないときに役立つ、多くのデザインパターンを収録しています。また、写真素材のクオリティが低い場合や素材自体がない場合にどのように最良の結果を見つけ解決するか、その手助けになるアイデアやテクニックも紹介しています。さらに表やグラフ、地図、文字組みなどレイアウトに必要な要素のデザインパターンを数多く収録しています。掲載されているデザインを基に自分なりのアレンジを加えていけば、さらに多くのデザイン表現を作り出せるでしょう。

本書がデザイン表現の幅を広げる一助になれば幸いです。

最後に、一緒にこの本を作り上げていただいた編集の新谷光亮氏、高橋頴子氏、応援いただいたDTP勉強会の参加者の皆様に謝辞を送ります。

2016年1月
樋口 泰行

本書をご利用になる前に必ずお読みください

- 本書の内容は執筆時点（2015年11月）の情報に基づいて制作されています。これ以降製品、サービス、URLなどの情報の内容が変更されている場合がありますので予めご了承ください。
- 本書は、パソコンならびにWindowsやMac OS、Adobe Photoshop、Adobe Illustrator、Adobe InDesignの基本操作ができる方を対象としています。これらの基本操作については、別途市販の解説書などをご利用ください。
- 本書には、Mac OS 10.9のAdobe Photoshop CC 2014、Adobe Illustrator CC 2014、Adobe InDesign CC 2014を使用した解説が掲載されています。ほかのOSやバージョンを使用している場合は、画面や操作が本書の解説と異なる場合がありますので予めご了承ください。
-
-
- 本書の作例に登場する団体・人物などの名称はすべて架空のものです。

CONTENTS

デザイン　坂内 正景
カバー写真　谷本 夏（studio track 72）
編集協力　高橋 顕子
印刷　株式会社大丸グラフィックス

CHAPTER 1

バリエーションを作る前に

まずはじめに、本書をどのように活用すべきか、ページの構成とその読み方や、具体的にデザインのバリエーションを作るプロセスなどを解説します。本書には、たくさんのデザインバリエーションが登場しますが、本章を読むことでより多くの表現を生み出すことができるでしょう。

SECTION 1 本書の読み方

METHOD 1 テーマに沿ったバリエーションを一覧する

CHAPTER2～6まで、テーマごとに分類されています。

テーマをさらに掘り下げた、**CASE**ごとに分類されています。

CHAPTER 2 写真をメインにしたデザインバリエーション

CASE 4 複数の写真を使う（ランダム）

CASE 3と同様、複数の写真をキービジュアルとして用いる場合のデザインのバリエーションです。ただし、CASE 3がグリッドを使用して整然と写真をレイアウトしたのに対し、ここではランダムに写真を配置します。これにより自由度のあるデザインとなります。

しかし、ただ無造作に複数の写真を並べてもとりとめなく見えるだけです。そこで写真の並べ方や形状、フレームなどを工夫して、目を引くデザインにします。説明的な写真よりはイメージカット的な写真を使うときに有効でしょう。

TYPE A プリント写真を並べたようなデザインにする

TYPE B ポラロイド写真やフィルムをモチーフにしたデザインにする

TYPE E 内容にあったモチーフで写真を型抜きにして用いる

TYPE F 写真を帯状に配置する

TYPE C 写真のフレームをアレンジしたデザインにする

TYPE D 文字やマークを形作るように写真を配置する

TYPE G 丸抜の写真を配置する

TYPE H 写真を連続して配置する

各**CASE**の冒頭では、テーマに沿った**TYPE**（バリエーション）が一覧できる状態で掲載されています。このページで作例を見て比較しながらアイデアを練ることができます。

バリエーション案は複数の**TYPE**に分かれています。気になる**TYPE**が見つかったら、次ページ以降の解説を読んでみましょう。

本書は、デザインパーツや与えられた条件などによってテーマを設定しています。テーマは「CHAPTER」によって分類されており、さらに「CASE」によって分かれています。CASEの冒頭では、共通の要素を用いた、デザインのバリエーションが複数掲載されています。バリエーションは「TYPE」で分類されており、それ以降のページではTYPEごとにデザインのポイント解説が用意されています。解説ページでは、バリエーションからさらに派生した作例を紹介したり、グラフィックソフトを扱ううえでのポイントや、デザインにおける基礎知識などが掲載されています。

METHOD 2 解説ページでさらにバリエーションを考える

TYPE C 写真のフレームに凝った飾り付けを

TYPE AとTYPE Bをさらに発展させ、写真のフレームを身近なものを模したデザインで装飾したバリエーションです。36ページの作例では切手を模したフレームデザインにしています。

バリエーション

写真のフレームを額縁を模したデザインにした。ただし、このようなデザインはあざとく見られがちなので多用は避けるようにしよう。

TYPE D 内容を想起させる文字やマークを意識しながら形作る

内容を想起させる形状、たとえばアルファベットなどの文字やシンボリックなマークに見えるように複数の写真を並べるアイデアです。36ページの作例は、「秋」を意味する「Autumn」「Aki」の頭文字「A」を形作りました。

バリエーション

クリスマスの写真を使っているため、温かな思い出をイメージしたハート型を形作るように写真を配置。TYPE Aで紹介したドロップシャドウ効果で立体感を出している。

TYPE F 写真をパターンのように用い、使う写真の色味で変化を

写真を縦長もしくは横長の帯状にして並べ、パターンのような表現にしたデザインです。一見何が撮影されているのかがわかりにくいですが、隙間から被写体の一部を望んでいるような印象となり想像力を掻き立てられます。使用する写真の色味によっても、見た目の印象がさまざまに変化します。

バリエーション

37ページの作例と同じレイアウトだが、37ページの作例では同系色の写真を使用したのに対し、一点ごとに色味の違う花の写真を使ってみた。より鮮やかなイメージで印象が変わって見える。

規則正しく水平垂直に一定の高さ（幅）で写真を並べるとまとまった印象となるが、少しおとなしく感じることがある。そのようなときは、写真の扱いに変化をつけてみるのもよいだろう。左の作例は、写真を横長の帯状にして配置。あえて写真ごとの高さ（帯の幅）を変えた。右の作例は、同じく横長の写真を思い切って斜めに傾けて配置して動きをつけた。

バリエーション一覧（左ページ）以降には、TYPEごとに解説を用意。各バリエーションのデザインのポイントや、注意点、さらに派生した作例などが掲載されています。

METHOD 3 解説ページでバリエーションにおけるテクニックを知る

TYPE E マスク機能を使って写真をシルエット状に型抜きする

写真を内容に即した形状（シルエット）で型抜きして使用するデザインです。37ページの作例では、紅葉の風景写真を落ち葉をイメージした形状で型抜きしています。このような型抜き写真にするには、グラフィックスソフトで「マスク」と呼ばれる機能を使います。ここでは、需要が多いと思われるIllustratorの「クリッピングマスク」について解説します。

Illustratorのクリッピングマスクで画像を型抜き

❶ Illustratorで切り抜きに使う図形（左）を作成し、切り抜きたい画像（右）を配置する。

❷ 2つのオブジェクトを重ね合わせる。このとき、前面に図形を配置し、背面に画像を配置して、2つとも選択状態にする。

❸ 右クリックで表示されるオプションメニューから［クリッピングマスクを作成］を選択する。

❹ 図形がクリッピングマスクに変換され、画像が図形で切り抜かれる。

解説では、バリエーションに使われている効果が、具体的にどのように作られているのかを解説しているページもあります。
ここでは、主に「Adobe Illustrator」「Adobe Photoshop」「Adobe InDesign」におけるテクニックを解説していますが、いずれもCreative Cloud 2015における手順です。ほかのバージョンの場合、誌面とは異なる画面や手順だったり、同じように動作しない場合がありますので、ご注意ください。

SECTION 2　バリエーションを作る際の考え方

METHOD 1　レイアウトのパターンを変えてバリエーションを作る

要素を決める

①写真

②タイトル

杜のほとりのカフェ

③リード文

日だまりのなかで、
季節の匂いと彩りを愉しむ
憩いの場所をつくりました。

文字（タイトル、リード、本文など）や図版（写真やイラスト、図解など）の素材を用意し、使用するレイアウト要素を決定します。ここでは最小限の3つの要素を用意しました。

レイアウトのパターンを決める

A

B

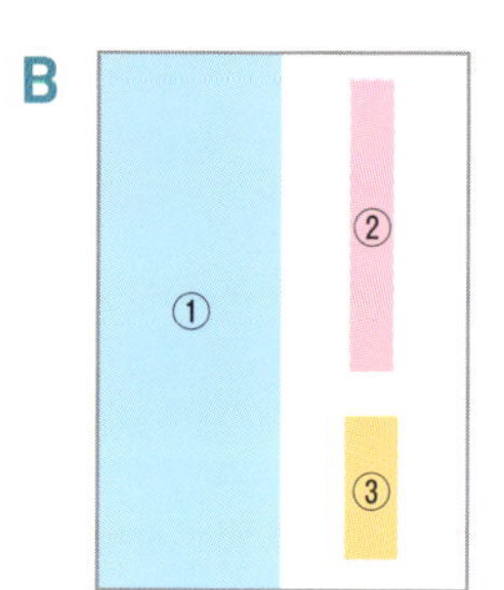

C

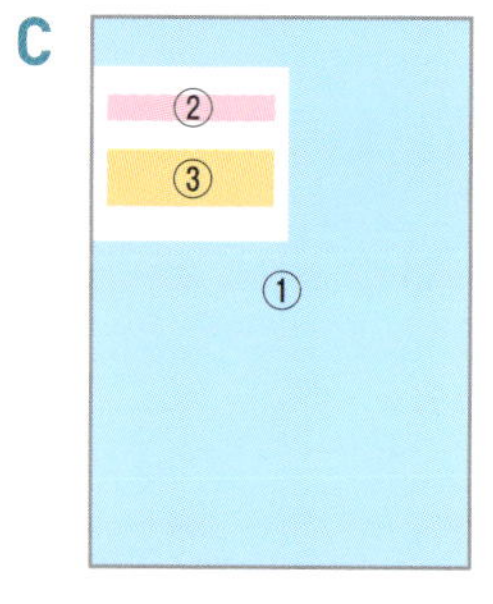

D

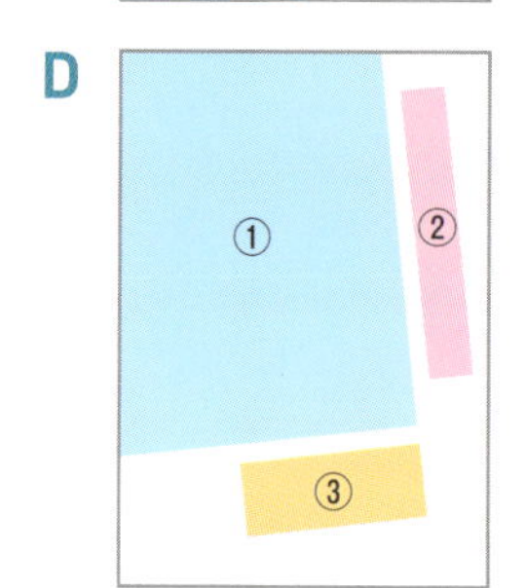

文字や図版などそれぞれの要素のサイズ（トリミング）や配置する場所を決めます。ここでは3つだけの要素を使用していますが、ざっと4パターンのレイアウトを思いつきました。

デザインのバリエーション

A

B

C

D

実際に素材をレイアウトしてバリエーションを作りました。まったく同じ素材を使用していても、レイアウトを変えるだけでだいぶ印象が違って見えることがわかります。

レイアウトデザインのバリエーションを作るにあたっては、大きく2つの考え方があります。

まず1つは、文字や図版などの要素をどのようなサイズにして、どの場所に配置するかなど、レイアウトのパターンを変えることでバリエーションを作る考え方。もう1つは、文字の編集、図版の加工、色のアレンジ、装飾やグラフィックの追加などさまざまな表現手法によってバリエーションを作る考え方です。

これらの組み合わせによって無限のバリエーションが生み出すことができます。

METHOD 2　表現手法の違いでバリエーションを作る

要素を決める

①写真

②タイトル

野菜満載の生活で暮らそう。

③英文タイトル

The VagetaFull Life

④リード文

身の回りを野菜で満たすベジタ“フル”ライフを暮らしに取り入れ栄養素をふんだんに摂取しましょう。

文字（タイトル、リード、本文など）や図版（写真やイラスト、図解など）の素材を用意します。

表現手法を考える

制作物のテーマをよく考え、イメージに合った表現を考えます。
あるいは写真やイラストを用意できなかったり、解像度が足りないなど不備があったりといった場合に、特定の表現手法を用いてデザインを成立させます。

A	B	C	D
写真を使う	写真を加工する	図形と色で表現する	文字のみで表現する

デザインのバリエーション

A

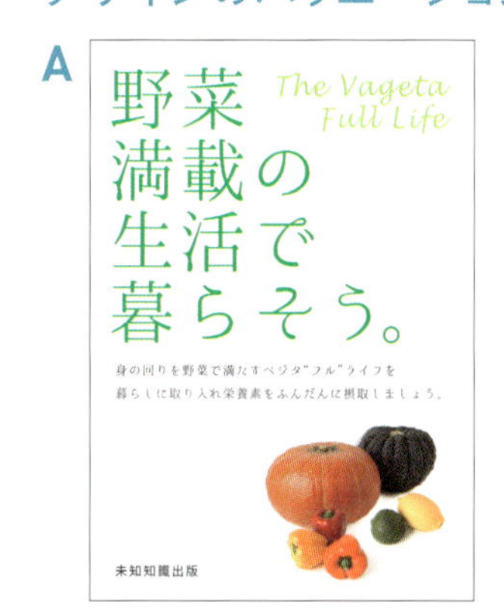

B

C

The VagetaFull Life
野菜満載の生活で暮らそう。
身の回りを野菜で満たすベジタ"フル"ライフを暮らしに取り入れ栄養素をふんだんに摂取しましょう。

D

野菜満載の生活で暮らそう。
身の回りを野菜で満たすベジタ"フル"ライフを暮らしに取り入れ栄養素をふんだんに摂取しましょう。
THE VAGETA FULL LIFE
未知知識出版

同じテーマでも写真や文字、図形など使用する素材を変えるだけでなく、素材そのものに工夫を凝らすと無限にバリエーションが生み出せます。

SECTION 3 バリエーション作成の実践

STEP 1 素材を集める

レイアウトに必要な文字や図版などの要素を用意し、その内容を確認します。

企画書で成功するビジネス

ビジネスを成功させるカギは企画書にあります。内容を的確に伝えるマニュアルとしての企画書を作りましょう。

写真を使うとすると
1点もしくは2点か。

人に愛される
上手な話し方・聞き方

あなたは会話で損をしていませんか？　人に愛される人は話し上手で聞き上手。今すぐ実践できる会話のノウハウを教えます！

どうしよう、
文字しか要素がない…

STEP 2 条件に合った作例を探す

本書の中から、図版点数や制作物を作るにあたっての条件などに該当する作例を探します。

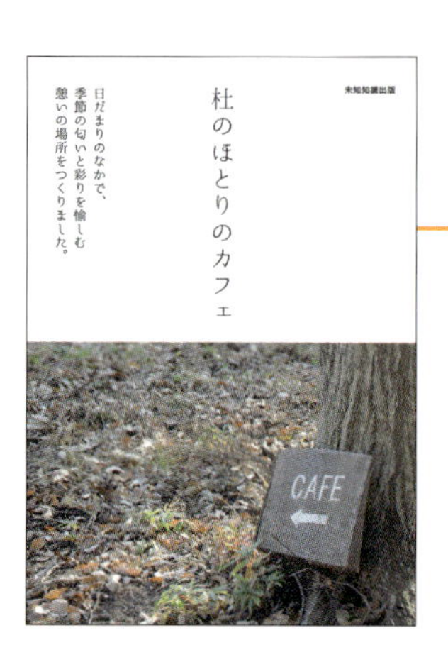

図版1点の作例と
2点の作例を選ぼう。

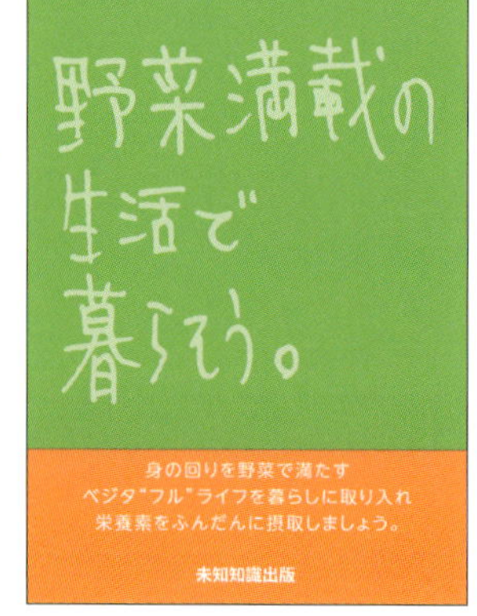

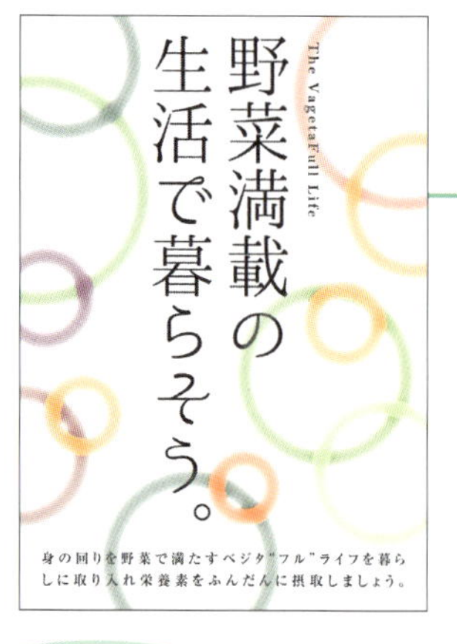

文字だけの作例と、
要素を追加した作例を
選ぼう。

ここまで説明してきた「本書の読み方」「バリエーションを作る際の考え方」を踏まえ、実際にどのようにバリエーションを作っていくか、その例を紹介します。

本書に掲載されている作例をそのままそっくり真似していただいてもかまいませんが、当然レイアウト要素の内容は異なるので、実際のところはまったく同じデザインにはならないでしょう。状況（本書で言うところの「CASE」）に合わせて参考となる作例を見つけ、それを基に少しずつアレンジしたり、作例のアイデアを一部取り入れるという使い方が現実的です。

STEP 3 作例の要素を置き換えてみる

実際の制作物の要素に置き換えてレイアウトしてみます。もちろん、要素の内容は異なるので、分量に合わせてレイアウトや文字・図版サイズを調整したり、イメージに合わせてフォントや配色などをアレンジします。

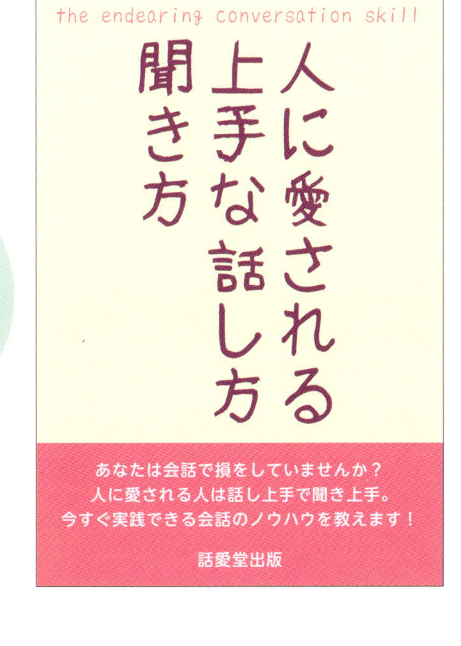

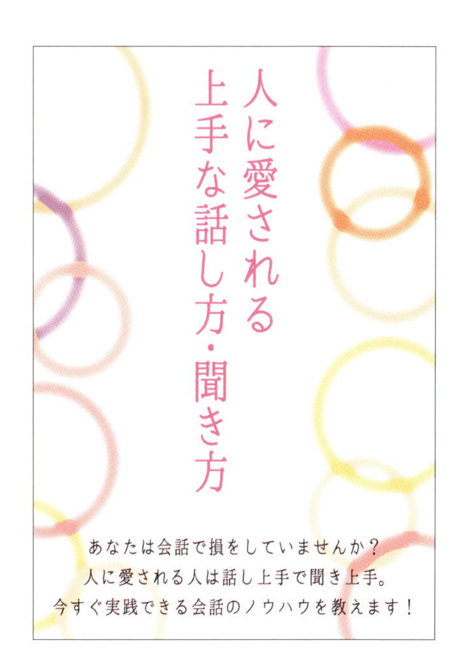

SECTION 3 バリエーション作成の実践

STEP 4 作例を組み合わせてみる

本書に掲載された作例それぞれからレイアウトや表現方法などのエッセンスを汲み取り、それらを組み合わせることで、よりデザイン性の高い作品を制作できるでしょう。

＋

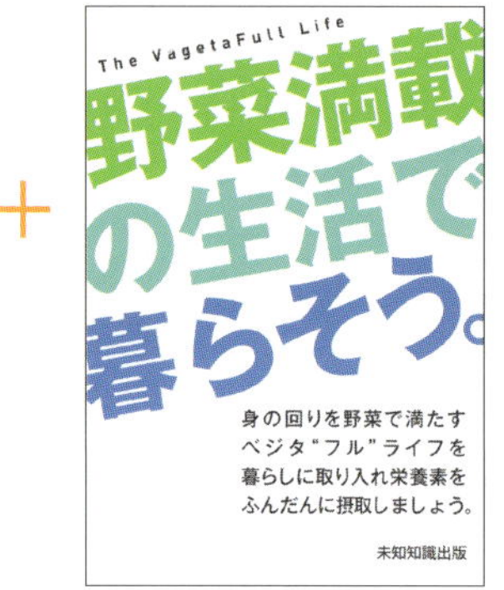

＝

レイアウトは堅実に、でもタイトルの扱いで変化をつけよう。

THE VAGETAFULL LIFE
野菜満載の生活で暮らそう。
身の回りを野菜で満たす
ベジタ"フル"ライフを暮らしに取り入れ
栄養素をふんだんに摂取しましょう。
未知知識出版

＋

The VagetaFull Life
野菜満載の生活で暮らそう。
身の回りを野菜で満たす
ベジタ"フル"ライフを
暮らしに取り入れ栄養素を
ふんだんに摂取しましょう。
未知知識出版

＝

the endearing conversation skill
人に愛される上手な話し方・聞き方
あなたは会話で損をしていませんか？
人に愛される人は話し上手で聞き上手。
今すぐ実践できる会話のノウハウを教えます！
話愛堂出版

手書き感を強調してより優しい雰囲気にしてみよう。

CHAPTER 2

写真をキービジュアルにしたデザインバリエーション

本やパンフレットの表紙、チラシ、ポスターなど、写真を使ってデザインをする機会は多いですが、いざバリエーションを考え始めると悩んでしまうものです。本章では、写真の点数や形状（角版／切り抜きなど）ごとに、簡単に作成できるデザインのバリエーションを紹介します。

CASE 1

1点の写真をメインにする

TYPE A　紙面を2分割にして写真と文字要素を配置する

TYPE B　写真を全面に敷いて文字スペースを配置する

TYPE C　正方形の写真を用いて余白に文字要素を配置する

TYPE D　フレームの角を丸くした写真を配置する

キービジュアルとなる写真を1点だけ用いたデザインのバリエーションです。写真自体に強さや主張があれば、全面に写真を敷いた上に文字を配置するだけでも十分成立するでしょう。しかし、写真が抽象的なイメージだったり、インパクトに欠けるといったような場合は、デザインに工夫が必要となります。

たとえば写真を正方形にトリミングしたり、フレームの角を丸めるなど形状に変化をつけたりすると違った雰囲気に見えます。また、文字スペースとなる余白をうまくデザインとして生かすことを心がけましょう。

TYPE E 写真の上に透過した帯を載せて文字を配置する

TYPE F 写真や文字要素を傾ける

TYPE G 文字スペースの形状をアレンジする

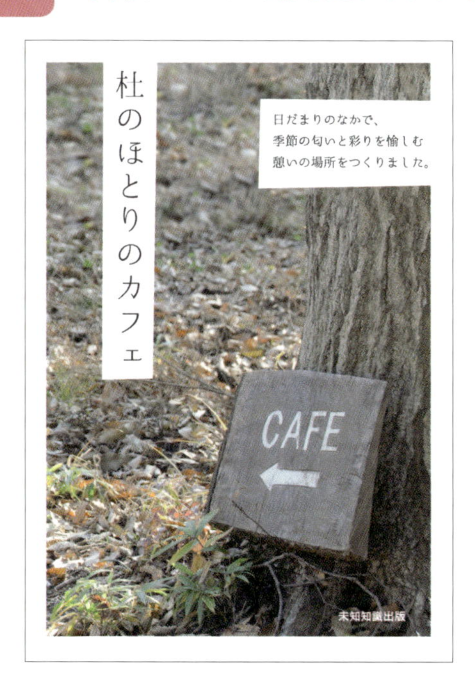

TYPE H 写真の1辺または2辺を裁ち落としで配置する

杜のほとりのカフェ

日だまりのなかで、
季節の匂いと彩りを愉しむ
憩いの場所をつくりました。

未知知識出版

1点の写真をメインにする

TYPE A 写真の構図や内容によって縦位置／横位置、上下左右の配置を使い分ける

紙面を上下あるいは左右に2分割にして、どちらか一方に写真、もう一方に文字をレイアウトしたシンプルなデザイン。写真の構図や被写体によって、写真の縦位置／横位置を使い分けたり、上下左右どこに配置するかを決定します。

バリエーション

紙面を左右に分割して、写真を右側、文字要素を左側に配置。文字は縦組み、上揃えにしてバランスをとった。写真を縦長に使うだけで少し新鮮な見た目となる。

紙面を上下に分割して、それぞれに写真と文字要素を配置。左の作例は、文字要素を上に配置し、やや文字サイズの大きいタイトルを中央に置くことでまとまりのあるレイアウトとした。右の作例では、文字要素を下に配置し、タイトルとリードをそれぞれ左右に分けバランスを意識した。地面を写している写真の場合では、左のレイアウトのほうが安定感がある。逆に空などの写真であれば右の作例が好ましいだろう。

TYPE B 写真の被写体の大きさや位置によって、文字スペースのサイズや配置を決定する

紙面全体に写真を敷いて、写真を最大限のサイズで見せるデザイン。ここではその上に正方形のスペースを設け、文字要素をすべて収めています。主となる被写体が隠れたり、中途半端に写真が削れて見えてしまうなど写真の構図や雰囲気が損なわれないよう、文字スペースのサイズや位置に気を配ります。

バリエーション

この作例ではメインの被写体（「CAFE」の看板）が右下に位置するので、点対称な左上の位置に文字スペースを配置。サイズもメインの被写体に近い大きさにすることでバランスをとっている。

文字スペースを上中央に配置。写真の構図にかかわらず、整然とした印象を与える汎用的なレイアウト。

文字スペースを左中央に配置。メインの被写体が左に位置すれば、右側に配置することになる。ノートの表紙に貼られたシールのようなデザインでもある。

TYPE C　正方形にトリミングした写真の位置で意外に印象が異なる

用紙の横幅いっぱいを一辺とした正方形に写真をトリミングしたデザインです。写真を上下どの位置にレイアウトするかで意外と雰囲気が違って見えます。正方形は整った印象を与えますが、文字のレイアウトで変化を加えるのもよいでしょう。

バリエーション

正方形の写真を下部に配置。縦組みのタイトルを一部写真の上に載せることで変化をつけ、文字色は余白の部分をグレー、写真の上を白抜きとして視認性を高めている。

正方形の写真を上下中央に配置。文字を上下のスペースに振り分けたことで、タイトルとリードの違いが明確に伝わる。

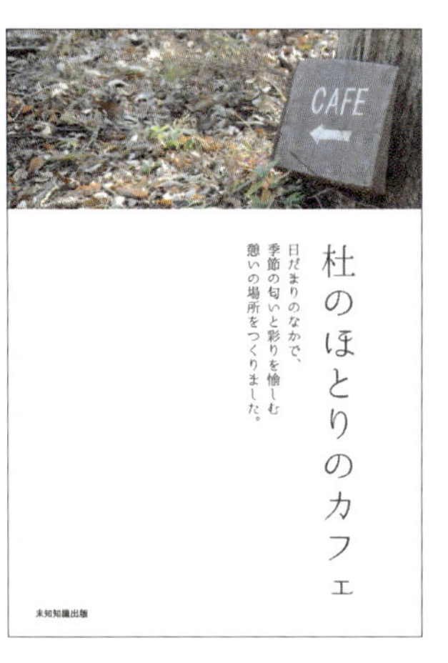

ここまでの作例の対比として、余白部分を正方形にし、残りのスペースに写真をトリミング、配置してみた。タイトル文字を強調したい場合などに効果的。

TYPE D　マージン（上下左右の余白）を設けることで角の丸みが際立つ

用紙の周りに余白（マージン）を設定し、角丸処理を加えた写真を配置するデザインです。写真に角丸処理を加えると尖った部分がなくなり全体的に柔らかな印象になります。写真の位置やサイズ、角丸の大きさを変更すると、さまざまなバリエーションが作れます。

バリエーション

TYPE C（写真を正方形にして配置）との組み合わせ。角丸写真を正方形にトリミングして下部に配置。TYPE Cと比べると、より柔和な印象となる。

TYPE A（紙面を2分割してレイアウト）との組み合わせ。用紙を2分割して、左に角丸の写真、右に文字要素を配置。縦長のため奥行きのある写真などに向いたデザイン。

角丸の写真を、用紙の縦横比と同じ比率でトリミング、縮小して配置。窓から外の風景を望むようなイメージが得られる。

1点の写真をメインにする

TYPE E　写真の雰囲気を損なわないようにしつつ、文字の視認性も確保

写真を全面に敷きその上に文字を載せる場合、TYPE Bのように文字スペースを抜いて文字を見やすくすることがあります。しかし、写真の一部が削られてしまい、全体の雰囲気を損ねてしまうことがあります。透過した帯を載せると、写真と文字が違和感なく一体化し、文字の視認性も確保できます。

バリエーション

半透明の白帯を配置したデザインのバリエーション。トレーシングペーパーを重ねたような表現になる。写真の構図や雰囲気に合わせて、帯の形状を変えるとよい。

帯に色をつけるとセロファンを重ねたような表現になる。作例は半透明の黒帯を配置し、文字を白抜きにすることで見やすくしている。

TYPE F　動きを与えることで遊び心を演出。ただし傾け過ぎはタブー

写真や文字は水平垂直に整然とレイアウトすることが基本ですが、時に堅く感じることがあります。そのようなとき、写真や文字を少し傾けると動きが生まれ、遊び心のあるデザインとなります。ただし、あまり大きく傾けすぎると文字が読みにくくなったり、被写体が認識できなくなったりするので、適度な角度にとどめましょう。

バリエーション

文字はそのままに、写真だけを傾けたデザインのバリエーション。レイアウトに動きが生まれ、写真に目が留まりやすくなる。極端な傾きは避けるようにする（作例の傾き角度は5度〜10度程度）。

TYPE A（紙面を2分割してレイアウト）の応用といえるデザイン。斜めに2分割して写真と文字をレイアウトすることで、傾きを与えたときのような動きが感じられる。

TYPE G　帯の形状にやりすぎない程度の遊び心を加えて印象的に

文字スペースとなる余白や、写真の上に載せた帯の形状を少しアレンジするだけで、目を引くデザインとなります。アナログ感や独創的なイメージを演出する際に効果的でしょう。
ただし、作為的に見えてしまうことがあるので、使いどころには配慮しましょう。

バリエーション

タイトルとリードの帯を分けて配置。半透明の白帯の端をギザギザにすることでマスキングテープのような表現となります。

写真と文字スペースの境界線をアレンジしたデザインバリエーション。左の作例では、境界線を不揃いにして紙を手でちぎったような表現を狙っている。右の作例は、境界線をグラデーションでぼかすことによりソフトなイメージとなり、幻想的にも見える。

TYPE H　意図的に写真を裁ち落としまで伸ばすと、広がりを感じさせるデザインになる

写真の1辺、もしくは2辺を裁ち落としでレイアウトすると、広がりや連続性を感じられます。ここでは、「裁ち落とし」について解説しておきます。

「裁ち落とし」とは

図版や塗りを仕上がりサイズ（断裁後の状態）いっぱいに配置することを「裁ち落とし」と呼びます。しかし、裁ち落としにする際、仕上がりサイズぎりぎりに図版や塗りを配置して印刷すると、断裁が少しずれるだけで余白ができて見栄えが悪くなります。そこで塗り足し幅（3㎜）まで図版や塗りを配置するようにします。

CASE 2

2点の写真をメインにする

TYPE A 紙面を黄金比・白銀比で分割して写真と文字要素を配置する

TYPE B 写真をシンメトリーに配置して中央に文字スペースを載せる

TYPE C 写真の境界線をアレンジして文字要素を配置する

TYPE D 紙面を均等に4分割して写真と文字要素を割り付ける

キービジュアルとなる写真を2点用いたデザインのバリエーションです。

写真を1点だけ使う場合よりは見た目の変化をつけやすくなりますが、一方で2点の写真のレイアウトのバランスに気を使う必要があります。ただ漫然と写真を並べるのではなく、まず2点の写真を同サイズで扱うことを基本に、対比を生かしたレイアウトにすることから始めましょう。そのうえで、写真の形状やサイズ、傾きなどにアレンジを加えていくとバリエーションを考えやすいでしょう。黄金比や白銀比を理解しているとデザインの幅が広がります。

TYPE E 丸版の写真を配置する

TYPE F 写真の境界線をぼかして合成する

TYPE G 写真を傾けて変化をつける

TYPE H 内容にあったモチーフで写真を型抜きにして用いる

CASE 2

2点の写真をメインにする

TYPE A 迷ったら黄金比・白銀比に頼ってレイアウトする

黄金比とは、短辺1に対して長辺が約1.618倍の比率のことです。また、白銀比とは、短辺1に対して長辺が約1.414倍の比率のことです。いずれもデザインの理論では美しく均衡のとれた比率として知られています。構図やレイアウトに迷うときは、これらを用いてみると説得力のあるデザインとなるでしょう。24ページの作例では、紙面を左右に黄金比で分割。右を文字スペースとし、左を上下に2分割して写真を割り付けています。

黄金比の分割方法

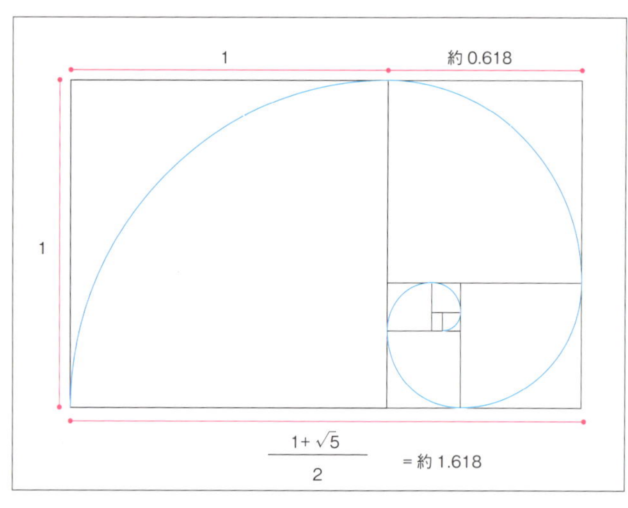

黄金比は、もっとも美しい比率といわれている。ピラミッドやパルテノン神殿などの歴史的建造物や、自然界においてもオウム貝の螺旋、ヒマワリのための配列などが黄金比とのことだ。

白銀比の分割方法

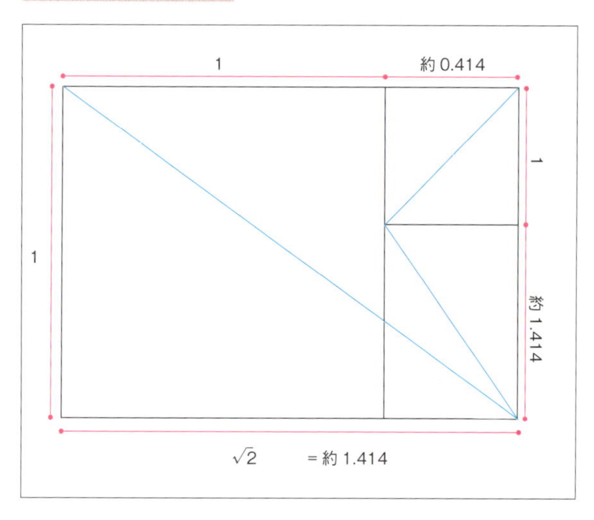

A判、B判と呼ばれる用紙サイズも白銀比である。日本の建築物の法隆寺などにも白銀比が見られ、一説によると日本人は黄金比より白銀比を好む傾向にあるそうだ。

バリエーション

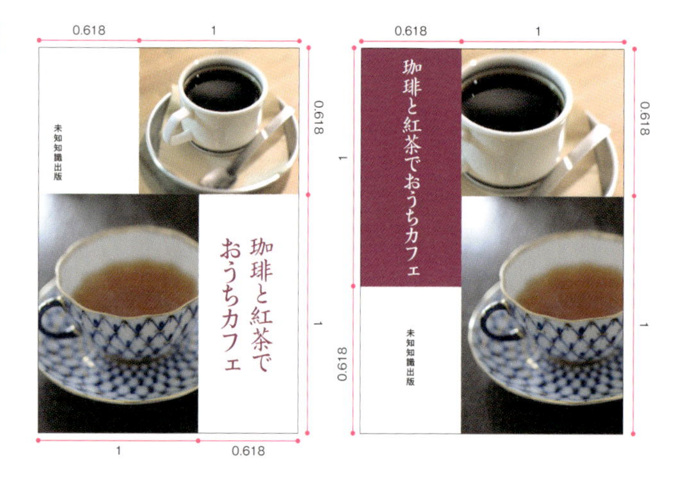

紙面を黄金比で分割し、各要素を割り付けて配置。左の作例は、紙面の上下を黄金比で分割、さらに上段と下段の左右をそれぞれ黄金比で分割した。
右の作例は、紙面の左右を黄金比で分割し、左を文字スペースとした。さらに文字スペース部分を黄金比で分割、タイトルとその他の文字要素を分けて配置。一見規則性はわからないが、黄金比に基づいているため違和感なく見える。

紙面を白銀比で分割し、各要素を割り付けて配置。作例の判型が同じ白銀比のA4判なので、とても収まりがよいレイアウトとなっている。

TYPE B　写真をまたぐ文字スペースの形状ひとつで、全体の表情が変化する

紙面を2分割してそれぞれのスペースに写真を配置、その上に文字スペースとなる白帯などを載せたデザイン。2点の写真をまたぐように文字スペースを置くことで、全体的なまとまりが生まれます。24ページの作例では、上下に写真を配置し、中央に正方形の文字スペースを置いています。文字スペースの形状を変えるだけで、紙面の雰囲気もかなり変化します。

バリエーション

紙面を上下に2分割して写真を割り付け、中央に円形の文字スペースを配置。24ページのような文字スペースが正方形の作例と比べ、柔らかいイメージだ。

紙面を左右に2分割して写真を割り付け、中央に被写体に近い形状の文字スペースを配置し、一体感を出した。

紙面を上下に2分割して写真を割り付け、中央に横長の帯を配置。帯の面積は最小限に抑えつつ、タイトルを目立たせるために色帯に白抜き文字とした。

TYPE C　境界線の形状を変えて遊びのあるデザインにする

TYPE Bの応用編といえます。紙面を上下または左右に分割して写真を配置する際、TYPE Bよりも写真どうしの境界線を帯状にし明確にして、文字スペース部分を確保します。24ページの作例では、曲線を用い変化をつけています。境界線の形状をアレンジすることで表情豊かなデザインとなります。

バリエーション

紙面を上下に分割して写真を割り付け、境界線の部分を白くぼかし文字を配置した。ソフトなイメージとなる。

紙面を上下に分割して写真を割り付け。曲線を意識したデザインにするため境界線を波線にして文字を配置し、写真のフレームも角丸にした。ポップで楽しげなイメージとなる。

紙面の上下に、角丸の写真を配置した。それぞれの写真の横に余白を設け、中央の文字スペースとつなげることで、上から下へ流れるような動きが表現される。

2点の写真をメインにする

TYPE D　深く考えなくとも整ったレイアウトを実現する

紙面を均等に4分割し、それぞれの領域に写真や文字要素を割り付けたレイアウトです。これは次ページからの**CASE 3**や**CASE 4**で解説する「グリッドレイアウト」の基本形ともいえます。24ページの作例は、上下左右それぞれを分割し、点対称に写真と文字スペースを配置しました。このレイアウトは、あまり深く考えなくとも整ったデザインになります。

バリエーション

紙面を上下に4分割して写真と文字を配置。写真のスペースが横に細長くなってしまうが、あえて被写体の一部をクローズアップするようなトリミングにして印象的なデザインにした。

24ページと同様上下左右に4分割して写真と文字を配置したが、文字のスペースにそれぞれ色をつけた作例。この配色によってかなりイメージが変わって見える。

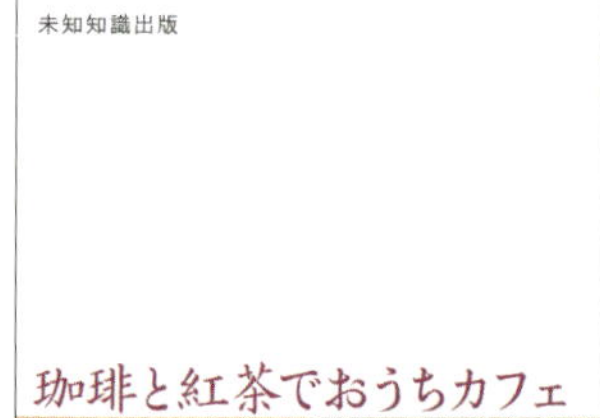

これも24ページと同様上下左右に4分割したが、上部の左右の領域は文字スペースとして1つにまとめた。余白を恐れず思い切ってタイトルを中央に寄せたことで変化が生まれた。

TYPE E　円の大きさや重ね方の変化でバリエーションを生み出す

丸判（円形のフレーム）の写真を用いることで全体的に柔らかな印象となります。丸みを帯びた被写体、食べ物や女性的なモチーフの写真などの際に適しています。丸版写真の形状に合わせて円形の文字スペースを配置したり、それらの円の大きさや重ね方を変えることでバリエーションが生まれます。

バリエーション

丸版の写真を上下シンメトリーに配置。写真の上下がはみ出すようにレイアウトすることで紙面の広がりを感じさせた。また、写真の間に中央揃えの文字を置くことで安定感のある構図となる。

丸版の写真を重ねて配置。被写体に被る部分があるが写真を大きく見せられる。さらに丸版に合わせて色がついた円形の文字スペースを重ねることで統一感が出る。

温泉と名産品の写真を用いたデザインの作例。このような被写体の場合に丸版の写真を使うと、柔らかなイメージとなり効果的だ。

TYPE F グラデーションで徐々に変化するように合成

正確には、InDesignやIllustratorで2点の写真を個別にレイアウトするのではなく、あらかじめPhotoshopで徐々にグラデーションで変化するように合成し、1枚の写真として配置した作例です。ソフトなイメージの仕上がりとなります。25ページの作例程度の合成であれば、ここで解説している流れで行えます。

Photoshopで2点の写真をグラデーションで合成

❶ Photoshopで画像Aを背景にして、画像Bを配置する。画像Bは画像Aのレイヤーの上のレイヤーになるようにする。

→

❷［レイヤー］パネルで画像Bのレイヤーを選択し、［レイヤーマスクを追加］ボタンをクリックする。

→

❸ ツールボックスの［グラデーション］ツールをクリック。色は白と黒のグラデーションを選択し、画像AからBへ向かってドラッグする。

→

❹ 画像AからBに向かってグラデーションがかかる。❸のドラッグの距離で合成される範囲が決まるので色々試してみよう。

TYPE G タイトル文字は水平垂直に配置してバランスをとる

写真2点とも同じ角度で傾けて、あるいはそれぞれ異なった角度で傾けて配置すると、躍動感のあるデザインとなります。文字は水平垂直にレイアウトしたほうがバランスをとりやすいでしょう。

バリエーション

2点の写真を異なった角度で傾けて配置した。無造作に切り取った紙片を並べたようなイメージにも見える。

TYPE H 作品テーマに合ったモチーフの形状を用いる

作品のテーマやイメージに沿ったモチーフの形状で写真をの型抜きしたデザインです。メッセージ性が強い、また遊び心のある雰囲気になりますが、やり過ぎに見えることがあるので注意が必要です。

バリエーション

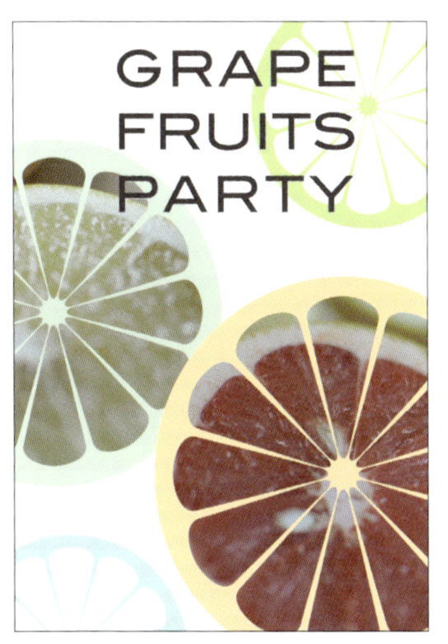

フルーツをテーマにした作品なので、写真を各フルーツの形状で型抜きして用いた。やり過ぎに見えないように、写真のレイアウトそのものはシンプルにしたほうがよい。

CASE 3

複数の写真を使う（グリッド）

TYPE A 縦横均等にグリッドで分割する

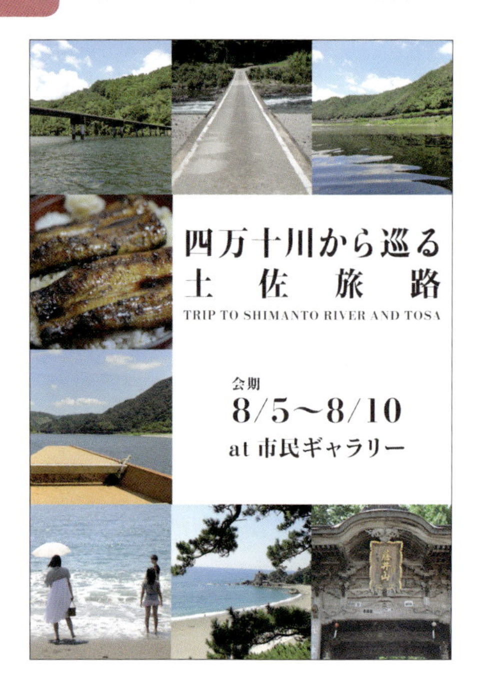

TYPE B 正方形のグリッドを使用する

TYPE C グリッド間に空きを設ける

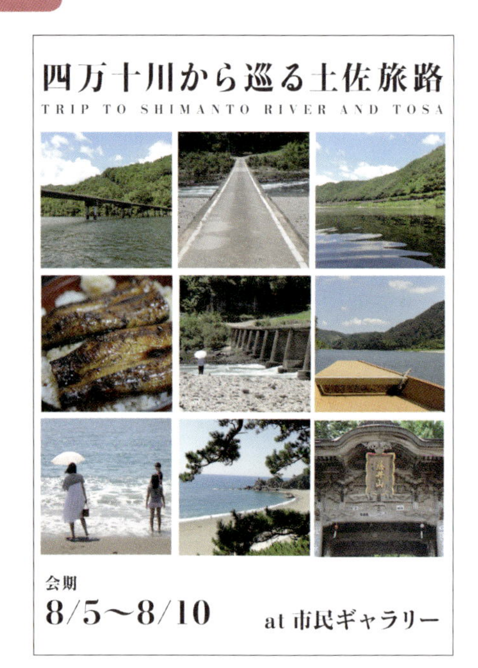

TYPE D グリッドに沿って丸版の写真を配置する

複数の写真をキービジュアルとして用いる場合のデザインのバリエーションです。写真の点数が増えるほどバリエーションは際限なくなりますが、いざ写真を目の前にすると、どのようにレイアウトすべきか戸惑ってしまうこともあります。そこでまず基本として押さえておきたいのが、「グリッド」を使ったレイアウトです。

これは紙面を格子状に分割して、1コマごと、あるいは複数のコマにわたって写真や文字を割り付ける手法です。自ずと写真や文字が整然と配置されるので、プロではない人が手がけても、デザインとして破綻することはないでしょう。

TYPE **E** 一部のグリッド内には要素を入れず空白にする

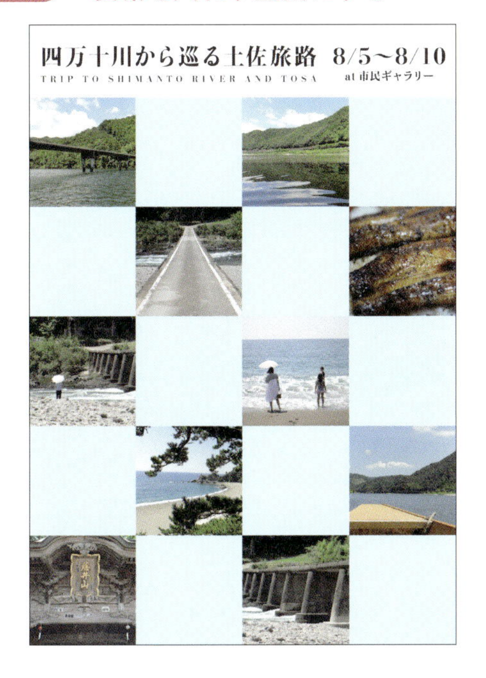

TYPE **F** グリッドを連結して規則的に配置する

TYPE **G** グリッドを連結してランダムに配置する

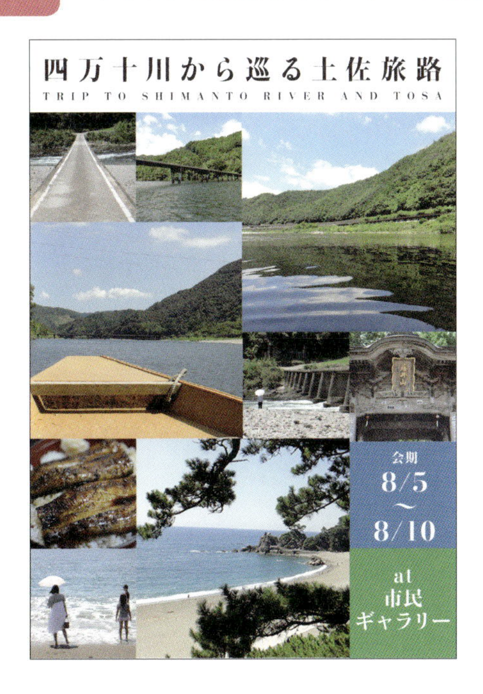

TYPE **H** グリッドに沿って配置した写真に装飾を加える

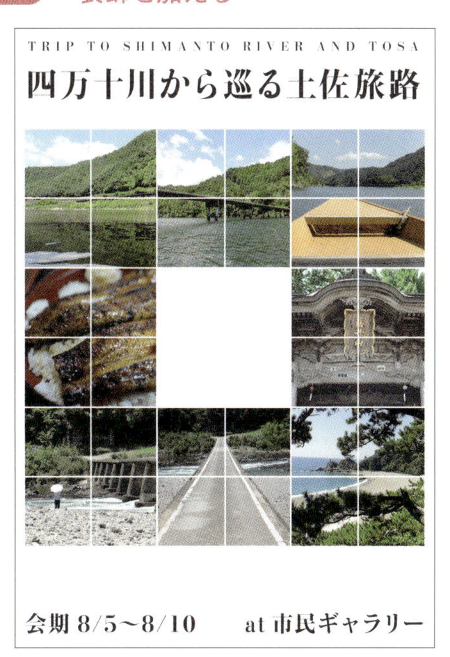

CASE 3 複数の写真を使う（グリッド）

TYPE A 写真の点数、文字スペースの大きさによって分割数を決める

紙面全体を均等に分割して、写真と文字スペースをレイアウトしたデザインです。30ページの作例では、横3列×縦4行のグリッドを使用して、右中央部の4コマ分を文字スペースとしています。写真を何点使用するか、および文字スペースをどれくらい取るかによって、分割する列数と行数を決めます。

グリッドの組み合わせ例

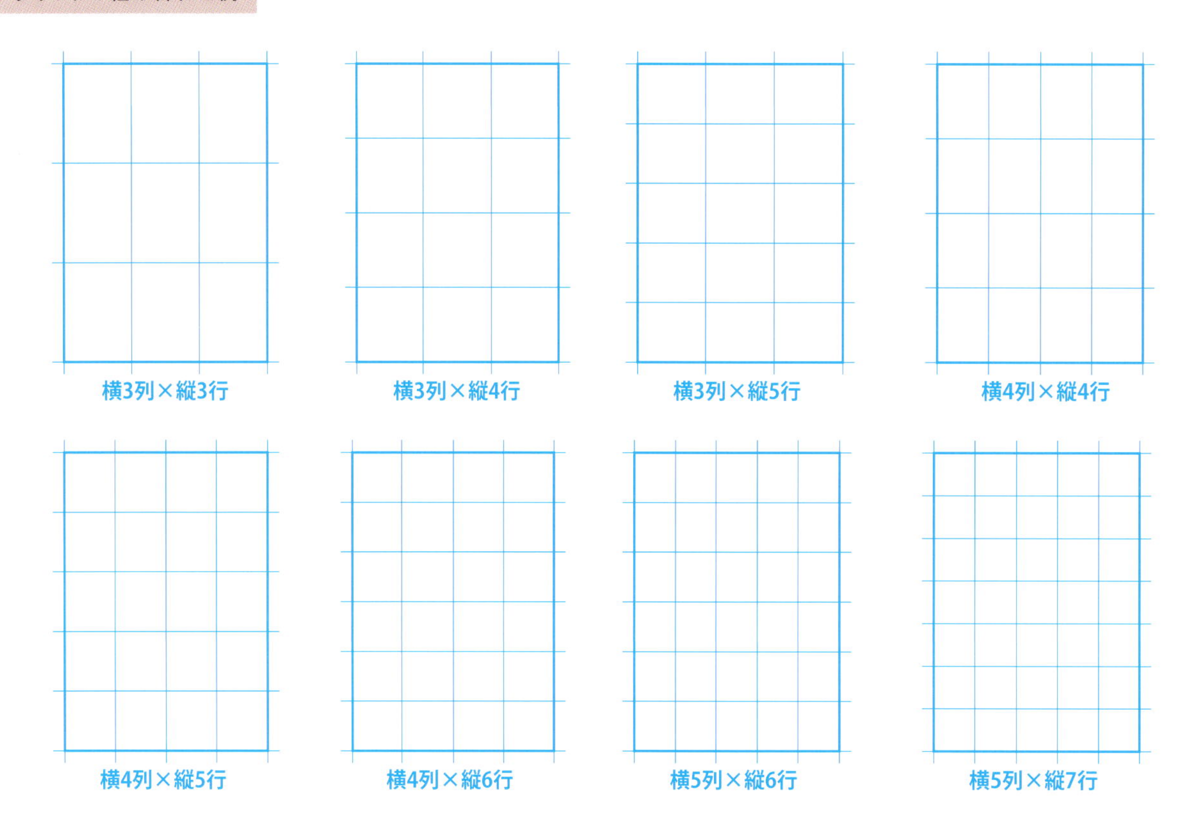

バリエーション

30ページの作例と同様、横3列×縦4行のグリッドを使用。文字スペースの位置を右上部にしたことで印象が変わって見える。

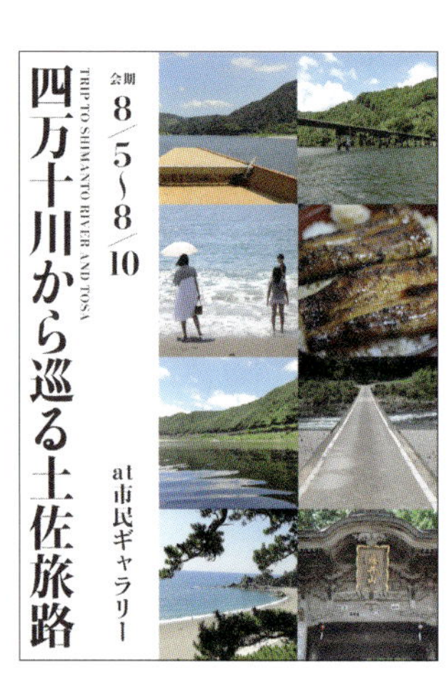

30ページの作例と同様、横3列×縦4行のグリッドを使用。タイトルを縦組みにするため、左の1列を文字スペースとした。

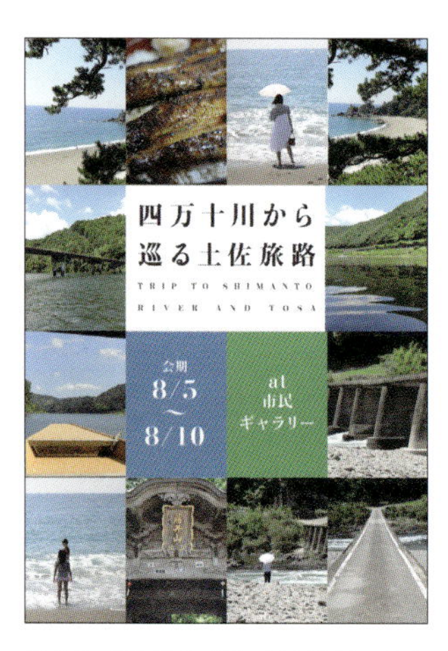

横4列×縦4行のグリッドを使用。中央の4コマ分を文字スペースとし、さらにタイトルと期間、場所の文字要素をそれぞれのコマにレイアウトした。

TYPE B　正方形の写真を並べ、余白を文字スペースにする

正方形のグリッドで分割したコマに写真を割り付け、残った余白を文字スペースとして使用するデザインです。30ページの作例は、横3列×縦3行の正方形グリッドを使用し、下部を文字スペースとしています。正方形のグリッドは、写真の縦位置／横位置にかかわらずレイアウトしやすいです。

正方形のグリッドの組み合わせ例

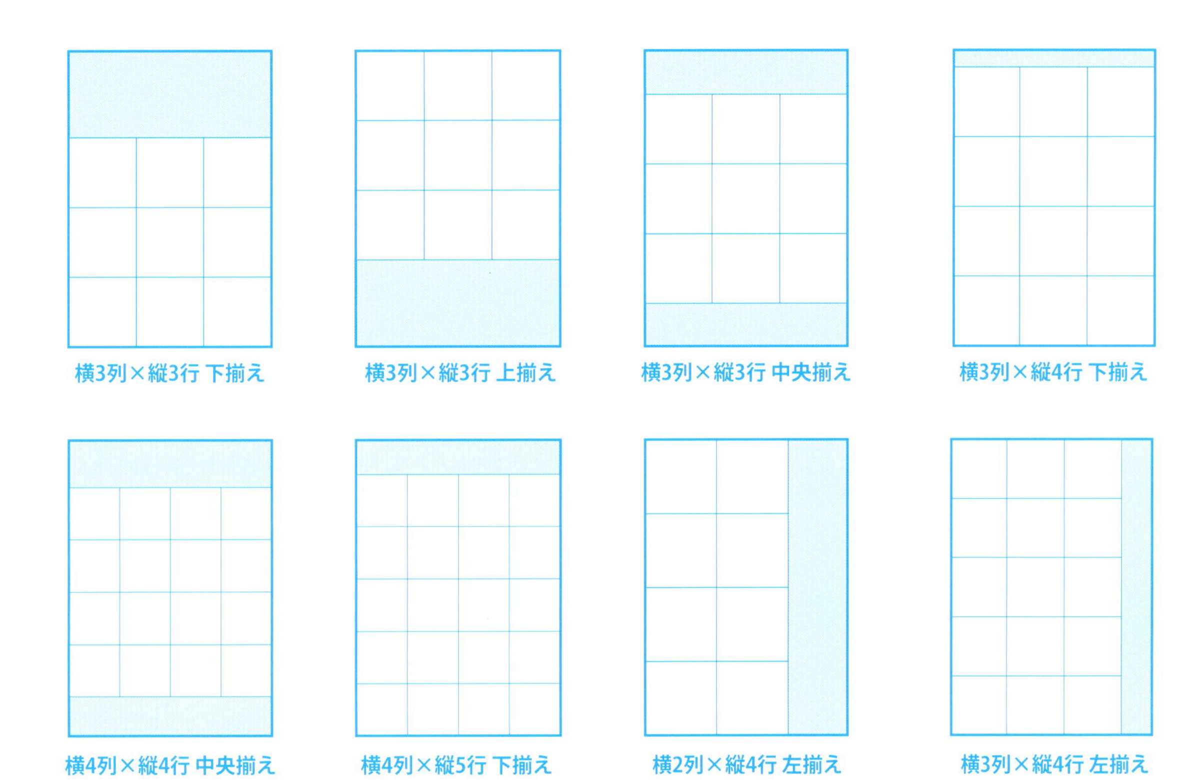

バリエーション

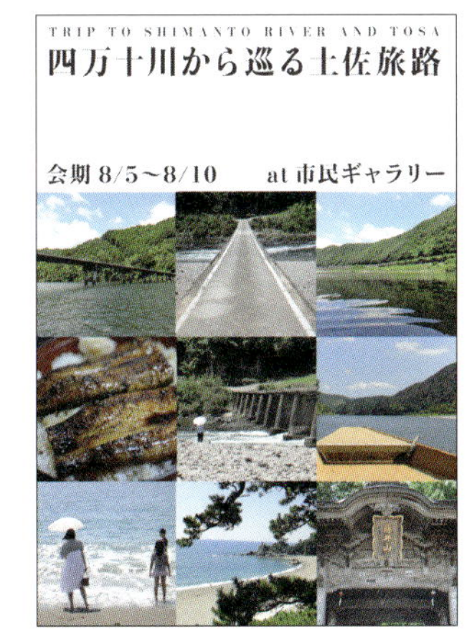

横3列×縦3行の正方形グリッドを下部に配置し、上部の余白を文字スペースとした。

横4列×縦4行の正方形グリッドを中央に配置し、上下の余白を文字スペースとして文字要素を割り振ってレイアウトした。

横2列×縦4行の正方形グリッドを左側に配置し、右側の余白を文字スペースとして縦組みのタイトルをレイアウトした。

複数の写真を使う（グリッド）

TYPE C 深く考えなくとも整ったレイアウトを実現する

分割したグリッド間に空きを設けて、写真や文字をレイアウトしたデザインです。グリッドに沿って隙間なく写真を敷き詰めた TYPE A や TYPE B のデザインに比べ、ゆとりが感じられます。また、グリッド感の空きを多めにとるか、少なめにとるかでデザインの表情が変わります。

バリエーション

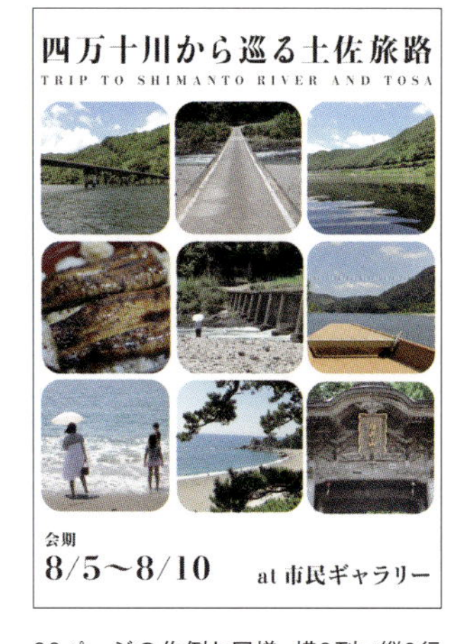

30ページの作例と同様、横3列×縦3行の正方形グリッドを中央に配置し、上下を文字スペースとした。グリッド間を空け、写真のフレームを角丸にしたことで全体的にソフトなイメージになった。

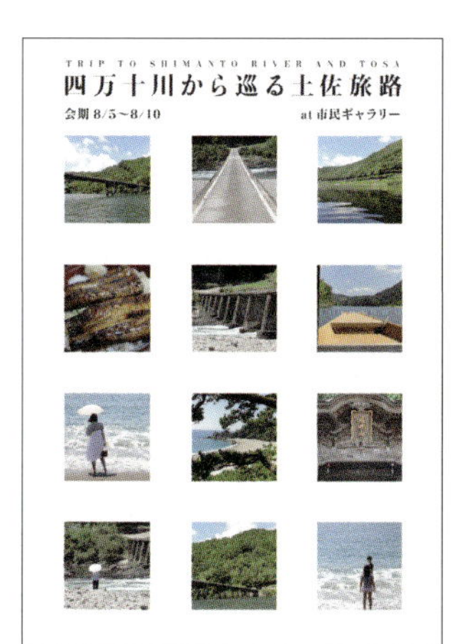

左右いずれも、横3列×縦4行の正方形グリッドを下部に配置し、上部を文字スペースとした作例だが、グリッド間の空きを変化させた。左の作例はグリッド間の空きをやや広めにとることで地色の白が落ち着いた印象に映る。右の作例ではグリッド間の空きをさらに広くとり余白が際立っているが、写真の存在感が薄れてアイコン的な扱いに見える。

TYPE D 丸版の写真を使って楽しげな雰囲気を演出

紙面を正方形グリッドで分割し、各コマに収まるように丸版の写真、あるいは円を配置したデザインです。丸窓から風景を望むようなイメージにも見え、角版の写真を使うよりも楽しげな雰囲気を演出できます。30ページの作例は、横3列×縦3行の正方形グリッドに収まるように丸版の写真をレイアウトしています。

バリエーション

花の写真を用いた作例。左は、横3列×縦3行の正方形グリッドで角版写真をレイアウト。右は、横3列×縦3行の正方形グリッドに沿って丸版写真をレイアウト。左がやや堅く見えるのに対し、右からは明るさ、華やかさが感じられる。モチーフや作品の内容によって使い分けるとよい。

横4列×縦6行の正方形グリッドに沿って丸版の写真や円を配置。4コマ分の大きいサイズの円を3個用いて変化をつけ、文字も円内にレイアウトして統一感を出した。

TYPE E 「空白」もデザイン要素の一部と考える

グリッドで分割した後、すべてのコマに写真や文字を配置するのではなく、あえて空白のコマを残し、色を指定するデザインです。配色によってがらりと印象が変わります。写真点数が足りないときなどにも重宝します。

バリエーション

横3列×縦4行の正方形グリッドに写真と文字を割り付け、文字を置いたコマ、空白のコマに色を指定。複数色を使う場合は、色の組み合わせに気を配りたい。

TYPE F 写真のサイズや縦横位置に合わせたレイアウトが可能

TYPE A や TYPE B の応用編です。複数のコマを連結することで、意図に合わせて写真のサイズに差をつけたり、縦横位置に応じたレイアウトにできます。31ページの作例では、使う写真の点数や配置に規則性を持たせています。

バリエーション

31ページの作例と同様、紙面の上下、左右でシンメトリーになるように配置した。整然とした印象を受ける。

TYPE G 意図に合わせて、自由に写真のサイズや配置を変える

TYPE F の派生です。TYPE F では写真の点数やサイズ、配置に規則性を持たせましたが、より自由に写真の大小を組み合わせ、配置を決めます。31ページの作例は、横4列×縦5行の正方形グリッドを使っています。

バリエーション

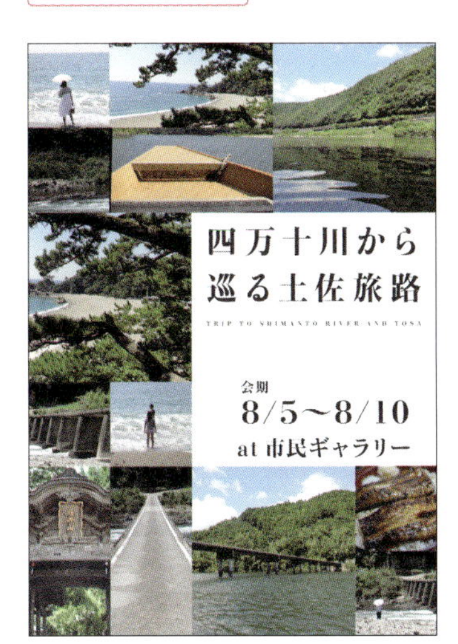

細かめの横5列×縦7行の正方形グリッドを使ってレイアウト。右中央部の9コマ分を文字スペースとした。意図に合わせ写真の大きさを変え、配置もランダムにした。

TYPE H 複数の写真が1枚の絵のような印象に

31ページの作例は、TYPE C の作例をベースに縦横の白ラインを加えることで1枚の写真がさらに細かなグリッドで分けられているように見えます。各写真の印象が弱まり、複数の写真が1つの絵のように感じられます。

バリエーション

31ページの作例と同様、TYPE C を基にした作例だが、各コマに円形を組み合わせ、円の内部と外部の写真の濃度を変えることで、写真への注目度を高めている。

CASE 4 複数の写真を使う（ランダム）

TYPE A プリント写真を並べたような デザインにする

TYPE B ポラロイド写真やフィルムを モチーフにしたデザインにする

TYPE C 写真のフレームを アレンジしたデザインにする

TYPE D 文字やマークを 形作るように写真を配置する

CASE 3と同様、複数の写真をキービジュアルとして用いる場合のデザインのバリエーションです。ただし、CASE 3がグリッドを使用して整然と写真をレイアウトしたのに対し、ここではランダムに写真を配置します。これにより自由度のあるデザインとなります。

しかし、ただ無造作に複数の写真を並べても、とりとめなく見えるだけです。そこで写真の並べ方や形状、フレームなどを工夫して、目を引くデザインにします。説明的な写真よりはイメージカット的な写真を使うときに有効でしょう。

TYPE E 内容にあったモチーフで写真を型抜きにして用いる

TYPE F 写真を帯状に配置する

TYPE G 丸版の写真を配置する

TYPE H 写真を連続して配置する

CASE 4 複数の写真を使う（ランダム）

TYPE A ドロップシャドウを使って立体的な効果を生み出す

写真の画像に白フチのフレームを加えると、プリント写真のように見えます。これらの写真をランダムに傾けたり、重ねたりして配置し、さらに立体的なドロップシャドウを適用し影を落とすと、よりいっそう本当のプリント写真を並べたような見た目となります。ここでは、IllustratorとInDesignで、それぞれドロップシャドウを適用する手順に触れておきます。

Illustratorのドロップシャドウで影付き画像を作成

❶ Illustratorで画像を開き、[選択] ツールで選択する。

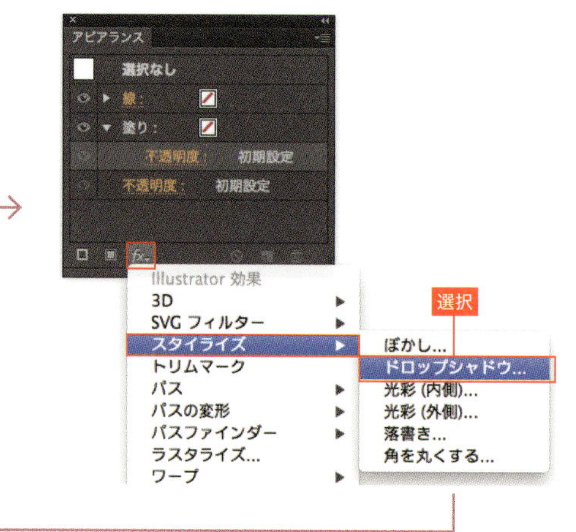

❷ [アピアランスパネル] の [新規効果を追加] ボタンをクリックし、[スタイライズ] − [ドロップシャドウ] を選択。

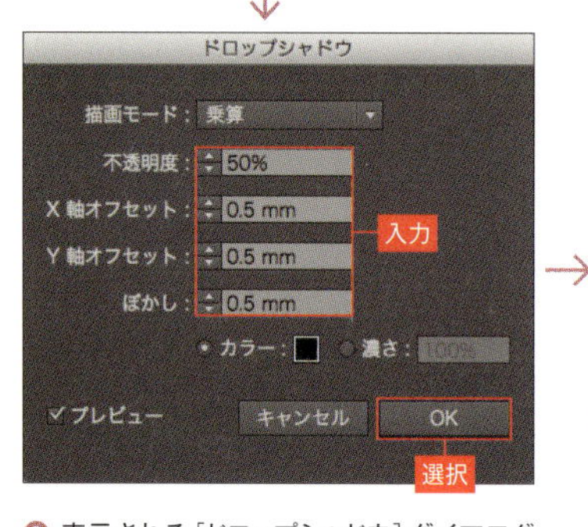

❸ 表示される [ドロップシャドウ] ダイアログボックスで、[不透明度] を「50%」、[X軸オフセット] と [Y軸オフセット] と [ぼかし] をそれぞれ「0.5mm」と入力して [OK] ボタンをクリックする。

❹ 画像に影が付く。

InDesignのドロップシャドウで影付き画像を作成

❶ InDesignで画像を開き、[選択] ツールで選択する。

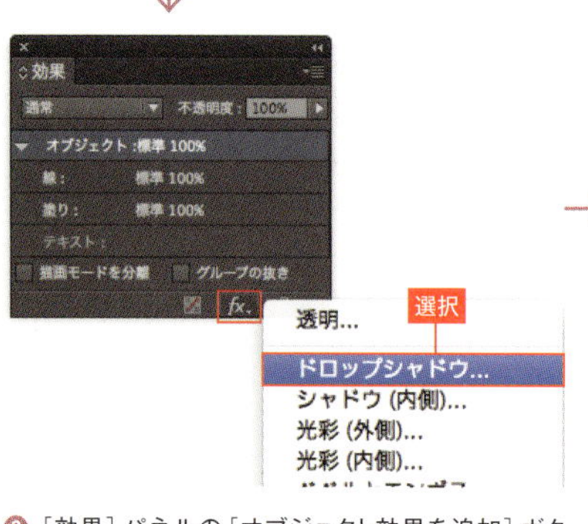

❷ [効果] パネルの [オブジェクト効果を追加] ボタンをクリックし、[ドロップシャドウ] を選択する。

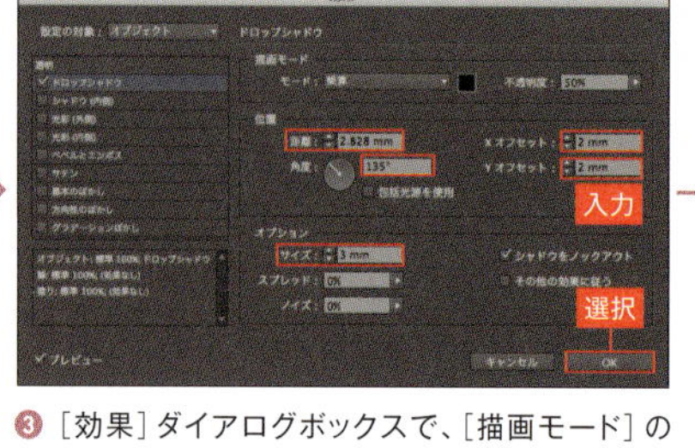

❸ [効果] ダイアログボックスで、[描画モード] の [不透明度] を「50%」、[位置] の [距離] を「2.828 mm」、[角度] を「135°」、[Xオフセット] と [Yオフセット] を「2mm」、[オプション] の [サイズ] を「3mm」と入力して、[OK] ボタンをクリックする。

❹ オブジェクトに影が付く。

TYPE B 写真のイメージを損なわないモチーフを採用する

白フチをつけてプリント写真を模したTYPE Aの派生デザインです。写真のイメージを損なわないモチーフとして、ポラロイド写真、スライドマウント、リバーサルフィルムなどが考えられます。36ページの作例は、ポラロイド写真風にしました。TYPE Aと同様、ドロップシャドウを適用して影を落とすと、よりリアルな雰囲気になります。

バリエーション

36ページの作例と同様、ポラロイド写真風のデザインだが、写真の配置を変えてみた。タイトルを囲むように配置することで、写真とタイトルとの関連性が強まる。

写真のフレームをスライドマウントを模したデザインにした。この作例も整然と配置するよりも、傾けたり重ねたりして無造作に並べたほうが雰囲気が出る。

写真を連続して配置、その両側に穴が空いたような黒帯のデザインを施すことでフィルム風にした。写真と文字を傾けてレイアウトすることで印象を強くした。

TYPE C 写真のフレームに凝った飾り付けを

TYPE AとTYPE Bをさらに発展させ、写真のフレームを身近なものを模したデザインで装飾したバリエーションです。36ページの作例では切手を模したフレームデザインにしています。

バリエーション

写真のフレームを額縁を模したデザインにした。ただし、このようなデザインはあざとく見られがちなので多用は避けるようにしよう。

TYPE D 内容を想起させる文字やマークを意識しながら形作る

内容を想起させる形状、たとえばアルファベットなどの文字やシンボリックなマークに見えるように複数の写真を並べるアイデアです。36ページの作例は、「秋」を意味する「Autumn」「Aki」の頭文字「A」を形作りました。

バリエーション

クリスマスの写真を使っているため、温かな思い出をイメージしたハート型を形作るように写真を配置。TYPE Aで紹介したドロップシャドウ効果で光彩の雰囲気を出している。

複数の写真を使う（ランダム）

TYPE E マスク機能を使って写真をシルエット状に型抜きする

写真を内容に即した形状（シルエット）で型抜きして使用するデザインです。37ページの作例では、紅葉の風景写真を落ち葉をイメージした形状で型抜きしています。このような型抜き写真にするには、グラフィックスソフトで「マスク」と呼ばれる機能を使います。ここでは、需要が多いと思われるIllustratorの「クリッピングマスク」について解説します。

Illustratorのクリッピングマスクで画像を型抜き

❶ Illustratorで型抜きに使う図形（左）を作成し、切り抜きたい画像（右）を配置する。

❷ 2つのオブジェクトを重ね合わせる。このとき、前面に図形を配置し、背面に画像を配置して、2つとも選択状態にする。

❸［control］キー＋クリックで表示されるオプションメニューから［クリッピングマスクを作成］を選択する。

❹ 図形がクリッピングマスクに変換され、画像が図形で型抜きされる。

バリエーション

37ページの作例とは逆に、写真を背景として紙面いっぱいに敷き詰めて配置し、葉の形状で白く型抜きした。白抜き部分は TYPE A で紹介したドロップシャドウで立体感を出し、文字スペースとした。

37ページの作例と同様に木をイメージした形状で写真を切り抜いているが、使用している写真は4種類。複数の画像を用いることで、イメージを固定化しないメリットがある。

TYPE F 写真をパターンのように用い、使う写真の色味や絵柄で変化を

写真を縦長もしくは横長の帯状にして並べ、パターンのような表現にしたデザインです。一見何が撮影されているのかがわかりにくいですが、隙間から被写体の一部を望んでいるような印象となり想像力を掻き立てられます。使用する写真の色味によっても、見た目の印象がさまざまに変化します。

バリエーション

37ページの作例と同じレイアウトだが、37ページの作例では同系色の写真を使用したのに対し、一点ごとに色味の違う花の写真を使ってみた。より鮮やかなイメージで印象が変わって見える。

規則正しく水平垂直に一定の高さ（幅）で写真を並べるとまとまった印象となるが、少しおとなしく感じることがある。そのようなときは、写真の扱いに変化をつけてみるのもよいだろう。左の作例は、写真を横長の帯状にして配置。あえて写真ごとの高さ（帯の幅）を変えた。右の作例は、同じく横長の写真を思い切って斜めに傾けて配置して動きをつけた。

TYPE G 丸版写真は角版写真よりも自由で躍動感が感じられる

丸版の写真を用いたデザインです。CASE 3-TYPE D（34ページ参照）でもそうでしたが、角版より躍動感が感じられます。37ページの作例では、円のサイズを大小織り交ぜて配置しており、より自由な雰囲気が伝わってきます。

バリエーション

37ページの作例とは対照的に、円をすべて同じサイズにして配置。正確にはランダムというより、グリッドに沿ったレイアウトに近いが、柔らかな印象で堅苦しさは感じられない。

TYPE H 写真の形状に変化をつけ、文字はシンプルにレイアウト

写真をつなげるように配置したデザインです。写真の連続性により、どこかストーリーを感じさせる印象となります。37ページの作例では、円環の一部を切り取ったような形状にしました。

バリエーション

写真の形状を斜めに変形し、つなげて配置。蛇腹状のパンフレットのように見える。写真そのものを見せるというよりは、デザインのアクセントとして写真を用いている

CASE 5

複数の切り抜き写真を使う

TYPE A 図形や線上に沿って写真を配置する

TYPE B 余白を埋めるように写真を敷き詰める

TYPE C 写真を重ね合わせて使用する

TYPE D カラーの図形と写真とを組み合わせる

CASE 3とCASE 4では、角版写真や丸版写真を用いましたが、ここでは被写体を輪郭に沿って切り抜いた、いわゆる「切り抜き写真」をキービジュアルとしたデザインのバリエーションを紹介します。

切り抜き写真は、主被写体のみが写っており余計な情報が含まれないため商品写真などでよく使用されますが、一方で無味乾燥なカタログっぽいイメージになりがちです。目に留まるデザインにするには、ただきれいに並べるのではなく、写真の位置、サイズ、さらにはアクセントとなる線や図形などの要素、配色などを工夫します。

TYPE E 帯と写真とを組み合わせる

TYPE F 線や飾り罫と写真とを組み合わせる

TYPE G タイトル文字と写真とを一体化させる

TYPE H 写真にグラフィック要素を追加する

複数の切り抜き写真を使う

TYPE A どのような写真でも使える失敗の少ないデザイン

複数の切り抜き写真を、図形の形状や、線上に沿ってある程度規則的に配置したデザインです。42ページの作例では、円環状に写真を並べてその内側を文字スペースにしています。写真の切り抜き作業には、主にPhotoshopが用いられることが多いです。ここではバリエーションと合わせて、Photoshopによる2種類の切り抜き方法を解説します。

背景が単色の場合にPhotoshopで細かい線まで切り抜く

❶ Photoshopで、切り抜きたい画像があるファイルを開く。ツールボックスの[クイック選択]ツールを選択。オプションバーで[選択範囲に追加]が選択されていることを確認して、[ブラシピッカー]でブラシのサイズを設定する。

❷ 被写体(ここでは野菜ボックス)の内側をなぞるようにドラッグすると、背景を除く被写体だけがおおまかに選択される。

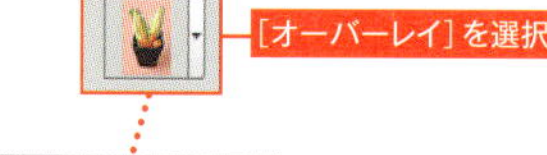

❸ オプションバーの[境界線を調整]をクリックする。[境界線を調整]ダイアログの[表示モード]で[オーバーレイ]を選択する。

❹ 選択範囲に含まれていない領域が作業ウィンドウ内で赤く表示され、とうもろこしの一部がまだ適切に選択されていないことがわかる。

❺ 適切に選択されていない部分とその周囲を塗りつぶすようにドラッグすると、とうもろこしのひげや皮などの細かい部分まで選択される。

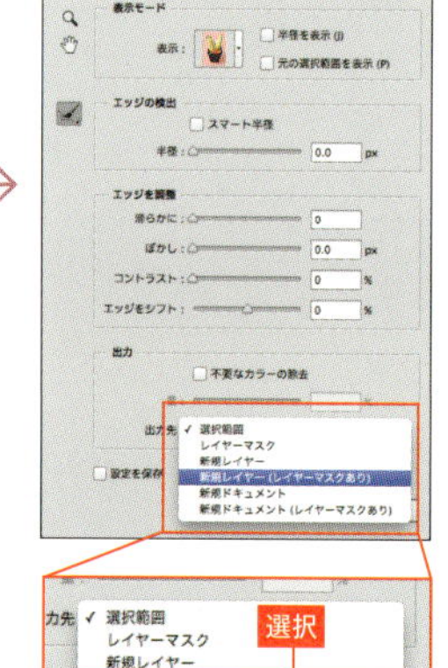

❻ 全体を確認し、理想的な選択範囲が作成されたら、[出力]の[出力先]で[新規レイヤー(レイヤーマスクあり)]を選択する。[OK]をクリックして[境界線調整]ダイアログを閉じる。

❼ [背景のコピー]レイヤーが作成され、選択範囲の野菜ボックスが複製される。[レイヤー]パネルの背景レイヤーは自動的に非表示になり、切り抜きの結果が表示される。

背景が単色ではない場合にPhotoshopで単純な形を切り抜く

❶ Photoshop で切り抜きたい画像があるファイルを開き、ツールボックスの[ペン]ツールを選択する。

❷ 切り抜きたい画像を囲むようにパスを描画する。終点で始点のアンカーポイントにマウスを合わせると、アイコンに丸が表示されるのでクリックしてパスを閉じる。

❸ [パス]パネルを開くと、❷で描画したパスが「作業用パス」として表示されているので、オプションメニューから[パスを保存]を選択する。[パスを保存]ダイアログが表示されたら[OK]をクリックする。

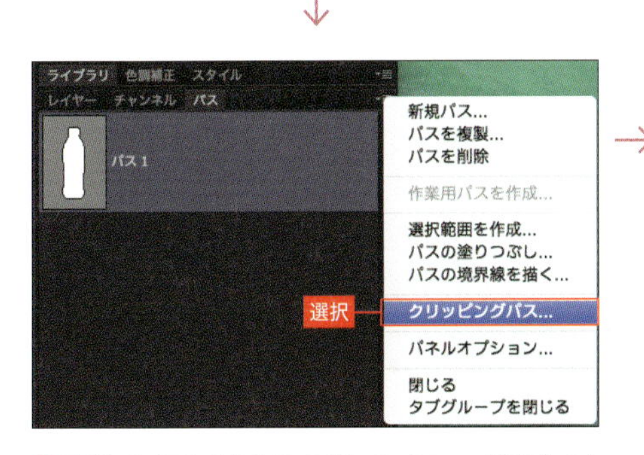

❹ 再度、[パス]パネルのオプションメニューを開き、[クリッピングパス]を選択する。

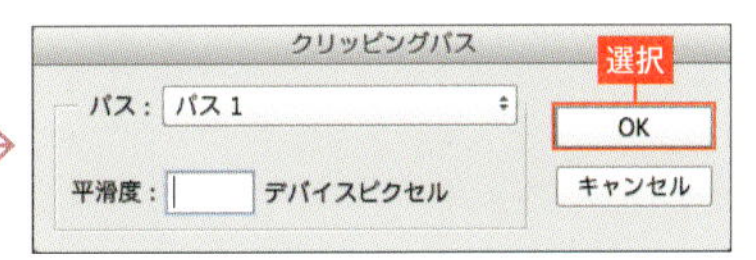

❺ 表示される[クリッピングパス]ダイアログで、平滑度に何も入力せず、[OK]ボタンをクリックする。

❻ [ファイル]ー[別名で保存]で保存する。その際の[ファイルの種類]は「PSD形式」を選択する。

バリエーション

紙面の上下に直線状に写真を並べ、中央に文字を配置。一見シンプルなので、被写体がカラフルだったり映える写真だと効果的だ。

紙面の端を囲うように長方形状に並べ、中央に文字を配置。飾り縁のようなイメージなので、写真を正体ではなくあえて横に回転して使っても面白い。

写真の大きさに変化をつけて配置。奥から手前に近づくに従ってサイズを大きくすることで遠近感が得られ、奥行きを感じるデザインとなる。

複数の切り抜き写真を使う

TYPE B 写真の縦横にこだわらず パターンのように配置

写真を紙面全体に敷き詰めるように配置し、パターンのように見せるデザインです。写真の縦横にはこだわらず、時に回転して並べます。プラモデルのパーツをランナー（パーツの周りの枠）から切り離す前の状態にも見えます。

バリエーション

あえて同じ写真を複数コピーして配置すると、よりパターンらしい見た目になる。写真のバリエーションが足りないときなどにも有効だ。

TYPE C 個別の切り抜き写真でも 一枚絵のように見せられる

個別の切り抜き写真を重ねて配置することで、一枚絵の写真のようにまとまりとして見せるデザインです。42ページの作例のように、被写体の分類ごとにまとめて配置してもよいでしょう。

バリエーション

縦に連なったように写真を重ねて配置。写真の上下を裁ち落としにして、その先にも写真が続いているような広がりを持たせている。

TYPE D 図形を用いてボリューム感と彩りを与える

切り抜き写真とカラーの図形を組み合わせたデザインです。42ページの作例では、紙面を正方形グリッドで分割し、すべての正方形に色を指定して、文字や写真を割り付けました。図形を用いると、切り抜き写真を単体で使うよりボリューム感が出て、紙面の「間」を埋められます。また、カラフルなイメージを作りやすくなります。

バリエーション

中央にレイアウトした文字の回りを取り囲むように、円と組み合わせた切り抜き写真をランダムに配置。カラフルでポップなイメージになる。

紙面を横3列×縦4行の正方形グリッドで分割し、角丸の正方形を配置。その中に切り抜き写真や文字を割り付けた。左の作例より整った印象となる。

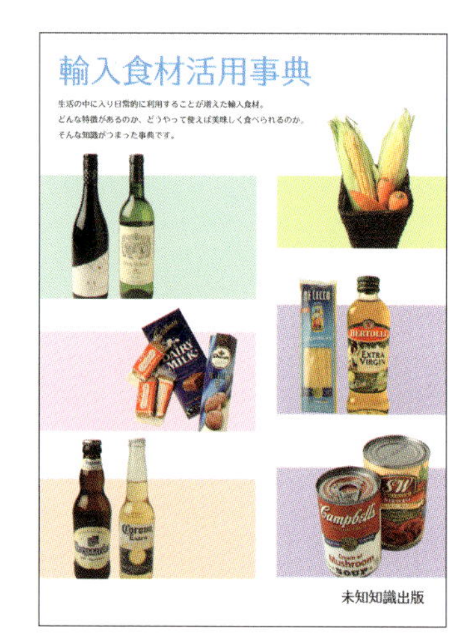

サイズが異なる長方形と切り抜き写真を組み合わせて配置。写真の下部を切り取り、上部をはみ出させたことで、図形から飛び出したような躍動感がある。

TYPE E 使える写真点数が少ないときに効果的

切り抜き写真の背景に帯を敷いたデザインです。写真点数が少なくても紙面の「間」を埋めることができ、見た目のアクセントとなるほかに、それぞれの写真をグループ化して見せられる効果もあります。

バリエーション

切り抜き写真の背景に横長の帯を敷いた。写真の配置は左右交互となっているが、帯を敷くことでまとまりが生まれ、全体的に整った印象となる。

TYPE F 線をデザインのアクセントとして使用する

写真の間を線で区切ったデザインです。43ページの作例のように直線を用いるときれいに整頓されたイメージとなりますが、手書き風の線や飾り罫などを使うと柔らかな印象となり雰囲気が変わります。

バリエーション

筆を使ったような手書き風の線で写真の間を区切った。線はあまり主張が強くない色や淡めの濃度にしよう。

TYPE G 文字の視認性には注意を払う

タイトル文字と写真とをひとまとまりの要素として扱ったデザインです。ともすると文字が写真と同化して見づらくなりがちなので、文字サイズや文字色、デザイン処理などで視認性には注意を払いましょう。

バリエーション

切り抜き写真をわざと込み入ったように配置。その上にタイトル文字の一部を大きくし、視認性を確保するためフチ文字にしてレイアウトした。

TYPE H ちょっとした要素を加えて遊び心を演出

大げさな要素ではなくとも、たとえば切り抜き写真のアウトラインをアレンジして加えるだけで、遊び心のあるデザインとなります。43ページの作例では、アウトラインを点線にして、ミシン目が入ったような表現にしています。

バリエーション

切り抜き写真のアウトラインをアレンジし、ドロップシャドウ(38ページ参照)を適用してシールのような表現にした。

COLUMN 困ったときに役立つ素材サイト❶

「素材がない」「納期が短い」「予算がない」。そんなときに力強い味方となってくれるのが、さまざまなデザイン素材を無料で提供しているサイトです。ここでは、基本的に無料で使用可能な写真の素材を提供しているサイトをいくつか紹介します。念のためこれらの素材サイトを利用するときは、費用が発生するか、著作権表示が必要か、商用利用が可能かなどの利用規約を必ず確認し、それに準じて利用するようにしましょう。

写真素材　足成

http://www.ashinari.com/

全国のアマチュアカメラマンが撮影した写真を、写真素材として無料で提供しているサイト。写真素材の利用に関し、特別な申請は必要なく、クレジットやリンクについても表記は不要。

無料写真素材　写真AC

http://www.photo-ac.com/

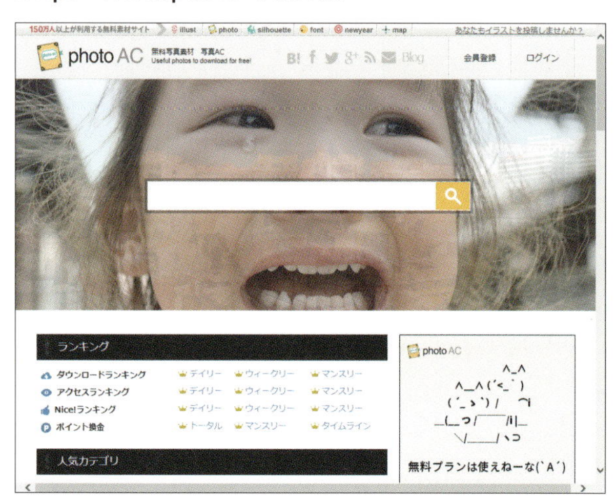

無料で写真素材をダウンロードできるサイト。商用利用が可能で、クレジット表記や許可は不要。メールアドレスとパスワードを登録すると写真のダウンロードが可能となる。

ぱくたそ

http://www.pakutaso.com/

高品質・高解像度の写真素材を無料で配布しているストックフォトサービス。利用報告や会員登録などは不要。Sサイズ（ブログサイズ）とLサイズ（フルサイズ）の2種類からダウンロード可能。

pro.foto（プロ ドット フォト）

http://www.busitry-photo.info/

プロカメラマンが撮影した高品質の写真をフリー画像素材として公開しているサイト。メールアドレスや名前などを登録すると、商用利用が可能となる。著作権表記（クレジット表記）、リンクは不要。

CHAPTER 3

文字をキーアイテムにしたデザインバリエーション

たいていのドキュメントには、その内容を端的に表す「タイトル」（見出し）が存在します。それらの文字をただなんとなくレイアウトするのではなく、一工夫、一手間加えるだけでも「魅せる」デザインとなります。本章では、タイトル、さらに文字組みに変化を加えたバリエーションを紹介します。

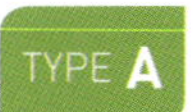

CASE 1 タイトルをキーアイテムにする

TYPE A グリッドを意識したベーシックなレイアウトにする

秩父札所と蕎麦の旅

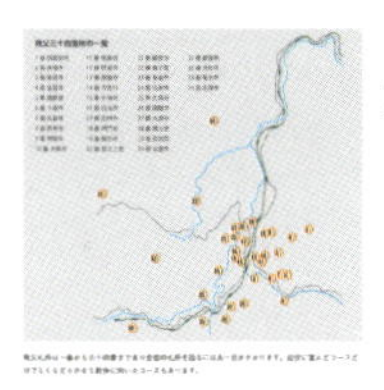

季節を感じながら
三十四の札所を巡る旅と
蕎麦を通して得られる
自然の恵みを堪能。

秩父にある札所は三十四ヶ所に上り、毎年霊場巡りに多くの人が訪れる場所です。秩父は東京からも近く、田園風景の残る静かな環境で自然を感じられるコースになっており一番の出発から古風な建物や名品でもある胡桃蕎麦を堪能することができます。いかにも仏の古里のようなのんびり散策しながらあることができるコースです。埼玉県の天然記念物に指定されているコミネモミジも秋に色づいて迎えてくれるでしょう。さらに十二番から十八番は、十三権者の像や鐘楼などが見られます。二十番からは、荒川に沿った長尾根丘陵にある寺を訪ねのどかな農村地帯が拡がります。

TYPE B レイアウト要素を中央揃えにする

秩父札所と蕎麦の旅

季節を感じながら三十四の札所を巡る旅と
蕎麦を通して得られる自然の恵みを堪能。

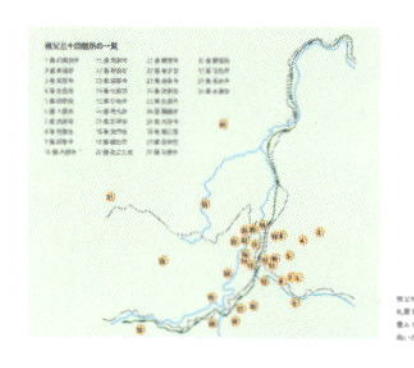

TYPE C タイトルを短い語句で改行する

TYPE D タイトル文字の並びや向きを崩す

秩父札所と蕎麦の旅

季節を感じながら
三十四の札所を巡る旅と
蕎麦を通して得られる
自然の恵みを堪能。

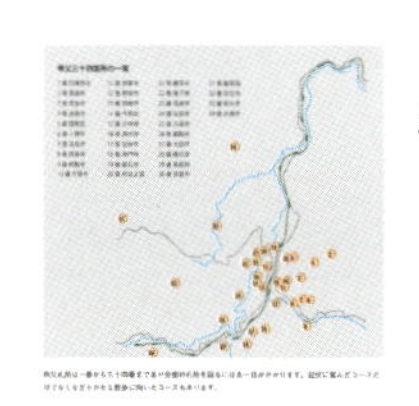

タイトルをキーアイテムにしたデザインのバリエーションです。タイトル文字をそのまま使うのももちろん悪くはないのですが、他のレイアウト要素、写真やイラストなどにアクセントがないと、よくいえば手堅い、悪くいえばつまらないデザインになりがちです。

そのようなとき、手の込んだ処理を施さずとも、ほんの少しフォントの種類や文字サイズ、文字色、レイアウトに変化を加えるだけで、タイトルが目にとまるデザインになります。また、ここで解説するバリエーションを複数組み合わせて使うことも可能です。

TYPE E　タイトル文字に斜体・回転の効果を加える

秩父札所と蕎麦の旅

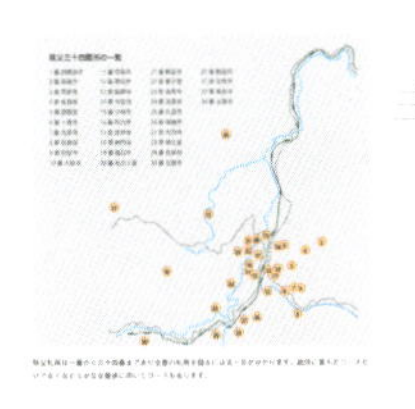

季節を感じながら
三十四の札所を巡る旅と
蕎麦を通して得られる
自然の恵みを堪能。

秩父にある札所は三十四ヶ所に上り、毎年霊場巡りに多くの人が訪れる場所です。秩父は東京からも近く、田園風景の残る静かな環境で自然を感じられるコースになっており一番の出発から古風な建物や名品でもある胡桃蕎麦を堪能することができます。いかにも仏の古里のようなのんびり散策しながらあることができるコースです。埼玉県の天然記念物に指定されているコミネモミジも秋に色づいて迎えてくれるでしょう。さらに十二番から十八番は、十三権者の像や鐘楼などが見られます。二十番からは、荒川に沿った長尾根丘陵にある寺を訪ねのどかな農村地帯が拡がります。

TYPE F　タイトル文字の大きさに差をつける

秩父札所と蕎麦の旅

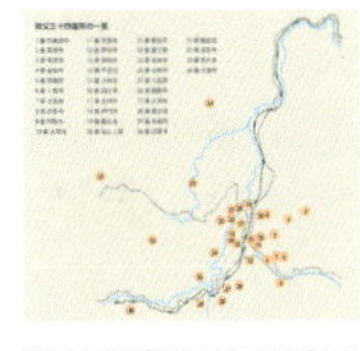

季節を感じながら
三十四の札所を巡る旅と
蕎麦を通して得られる
自然の恵みを堪能。

秩父にある札所は三十四ヶ所に上り、毎年霊場巡りに多くの人が訪れる場所です。秩父は東京からも近く、田園風景の残る静かな環境で自然を感じられるコースになっており一番の出発から古風な建物や名品でもある胡桃蕎麦を堪能することができます。いかにも仏の古里のようなのんびり散策しながらあることができるコースです。埼玉県の天然記念物に指定されているコミネモミジも秋に色づいて迎えてくれるでしょう。さらに十二番から十八番は、十三権者の像や鐘楼などが見られます。二十番からは、荒川に沿った長尾根丘陵にある寺を訪ねのどかな農村地帯が拡がります。

TYPE G　タイトル文字の太さに差をつける

秩父札所と蕎麦の旅

季節を感じながら
三十四の札所を巡る旅と
蕎麦を通して得られる
自然の恵みを堪能。

秩父にある札所は三十四ヶ所に上り、毎年霊場巡りに多くの人が訪れる場所です。秩父は東京からも近く、田園風景の残る静かな環境で自然を感じられるコースになっており一番の出発から古風な建物や名品でもある胡桃蕎麦を堪能することができます。いかにも仏の古里のようなのんびり散策しながらあることができるコースです。埼玉県の天然記念物に指定されているコミネモミジも秋に色づいて迎えてくれるでしょう。さらに十二番から十八番は、十三権者の像や鐘楼などが見られます。二十番からは、荒川に沿った長尾根丘陵にある寺を訪ねのどかな農村地帯が拡がります。

TYPE H　タイトル文字の一部の色を変える

秩父札所と蕎麦の旅。

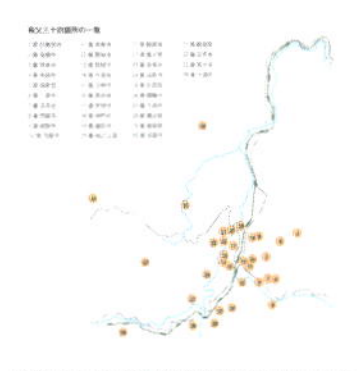

季節を感じながら
三十四の札所を巡る旅と
蕎麦を通して得られる
自然の恵みを堪能。

秩父にある札所は三十四ヶ所に上り、毎年霊場巡りに多くの人が訪れる場所です。秩父は東京からも近く、田園風景の残る静かな環境で自然を感じられるコースになっており一番の出発から古風な建物や名品でもある胡桃蕎麦を堪能することができます。いかにも仏の古里のようなのんびり散策しながらあることができるコースです。埼玉県の天然記念物に指定されているコミネモミジも秋に色づいて迎えてくれるでしょう。さらに十二番から十八番は、十三権者の像や鐘楼などが見られます。二十番からは、荒川に沿った長尾根丘陵にある寺を訪ねのどかな農村地帯が拡がります。

タイトルをキーアイテムにする

TYPE A　タイトルスペースは複数コマを使って広めにとる

タイトル文字をキーアイテムにする際も、グリッドを使ってレイアウトすると失敗が少なくなります（32ページ参照）。タイトルやリード、本文といった文字要素と、写真やイラストなどの図版類をそれぞれのグリッドに割り当てますが、キーアイテムとなるタイトルのスペースは、複数のコマを連結して広めにとるのがポイントです。

グリッドのサイズの算出方法

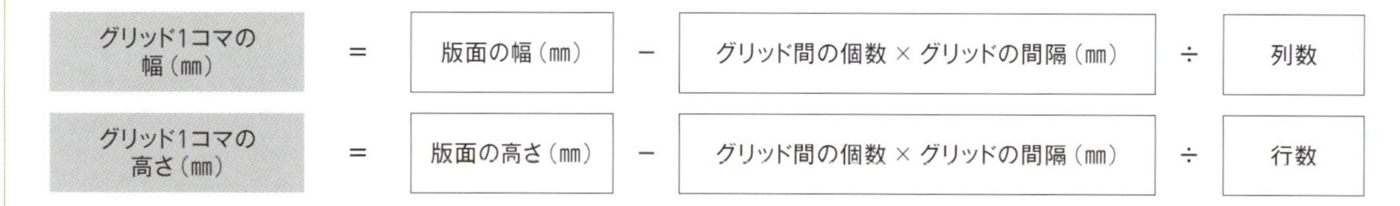

グリッド1コマの幅（mm）
=
版面の幅（mm）
−
グリッド間の個数 × グリッドの間隔（mm）
÷
列数
グリッド1コマの高さ（mm）
=
版面の高さ（mm）
−
グリッド間の個数 × グリッドの間隔（mm）
÷
行数

A4サイズ用紙上に2列×3行のグリッドを作成

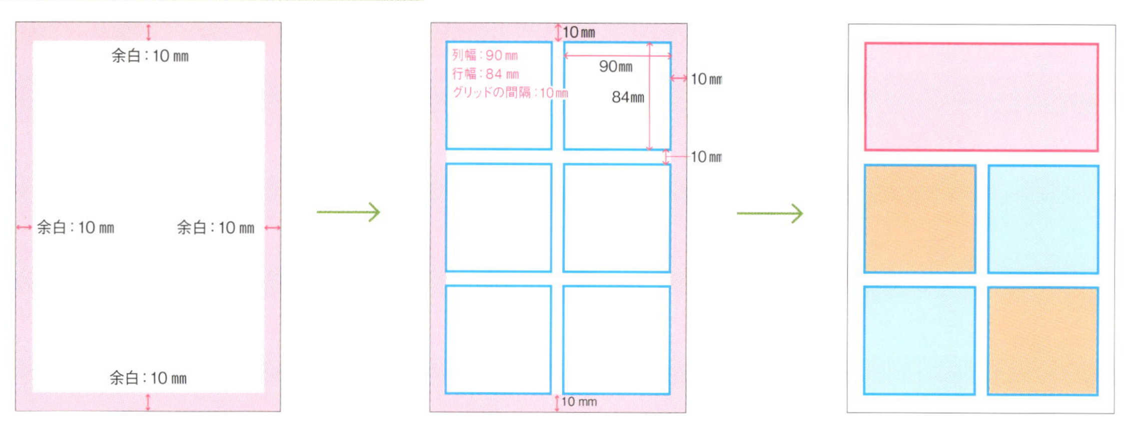

❶ ここでは50ページの作例で使用した横2列×縦3行のグリッドを作成する。A4サイズの紙面の上下左右にそれぞれ10㎜の余白（マージン）を設定。その内側のスペース（版面）にグリッドを作成する。

❷ 上記の算出方法に則り計算すると、グリッドのサイズは、幅は190㎜－（1個×10㎜）÷2列＝90㎜。高さは、277㎜－（2個×10㎜）÷3行＝84㎜となる。

❸ 上部の2コマ分を連結して、タイトルのスペースとした。

バリエーション

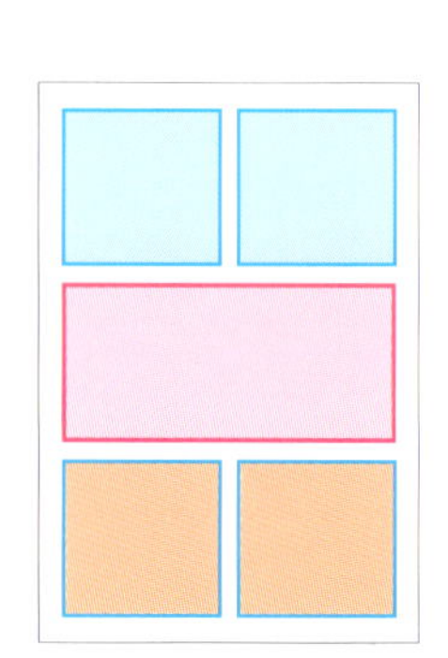

横2列×縦3行のグリッドを作成し、中央の2コマ分を連結してタイトルのスペースとした。上部の文字、下部の図版のスペースを入れ替えても成立するレイアウト。

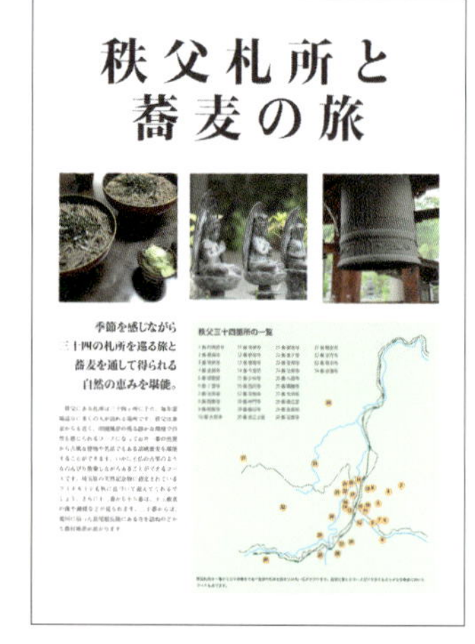

横3列×縦4行のグリッドを作成し、上部の3コマ分を連結してタイトルのスペースとした。タイトルがやや小さめとなったことで、全体的に上品な印象になる。

TYPE B 横組み1ページものなら中央揃えも選択肢に

タイトルやリード、図版などの要素を紙面の中央に揃えたレイアウトで、主に横組みの1ページで完結する制作物で用います。中央揃えにするとバランスがとりやすく、安定感のあるデザインとなります。同じ要素を左揃え、右揃え、中央揃えとするだけでも、見た目の印象はだいぶ変わります。

バリエーション

タイトルやリード、図版を中揃えでレイアウトした50ページの作例をベースにタイトルを左揃えにした作例（左）と、右揃えにした作例（右）と比較してみる。1ページものとして見たとき、50ページの中揃えの作例が一番均整がとれて見える。左揃えは、デザインとして破綻はしていないが無難な印象。右揃えは、このままでは不自然に感じられるためレイアウトに調整が必要となる。

タイトルとリードに加え、本文も中央揃えにした。可読性を考慮すると、あまり長い文章は中央揃えに向かないが、この程度の分量であれば許容範囲だろう。

TYPE C やや長めのタイトルの際に有効なデザイン

タイトル文字をあえて短めの語句で改行し、タイトルを大きめに扱ったデザインです。タイトルの印象は強くなりますが、区切りすぎて文章としての読みやすさが損なわれないように注意が必要です。

バリエーション

タイトル文字を3行に改行して配置。ちょうど文字数が上から2文字、3文字、4文字となり段差が生まれアクセントとなっている。

TYPE D 崩すのはタイトル部分だけにとどめ、あとはシンプルにレイアウト

タイトル文字の配置やサイズ、向きをわざと崩したデザインです。一歩間違えるととりとめのない見た目になるので、タイトル文字以外の要素はシンプルなデザインすることでバランスを保ちます。

バリエーション

「海」をテーマに、文字色に青のグラデーションを指定し、タイトルの文字ごとに大きさを変え、上下に位置をずらすことで、波をイメージしたデザインにしてみた。

CASE 1 タイトルをキーアイテムにする

TYPE E 写真の雰囲気を損なわないようにしつつ、文字の視認性も確保

タイトル文字に斜体フォントを指定するか、正対のフォントを斜めに変形し、場合によってはさらに回転を適用して使用します。この際、トラッキングを調整する（字間を詰める）と、より変化が際立つでしょう。51ページの作例では、斜体10度、回転6度を適用したタイトル文字にしています。

斜体と回転のバリエーション

	斜体 5°	斜体 10°	斜体 15°
回転 0°	秩父札所と蕎麦の旅 トラッキング 0	秩父札所と蕎麦の旅 トラッキング 0	秩父札所と蕎麦の旅 トラッキング 0
回転 5°	秩父札所と蕎麦の旅 トラッキング -100	秩父札所と蕎麦の旅 トラッキング -100	秩父札所と蕎麦の旅 トラッキング -100
回転 10°	秩父札所と蕎麦の旅 トラッキング -180	秩父札所と蕎麦の旅 トラッキング -180	秩父札所と蕎麦の旅 トラッキング -180
回転 15°	秩父札所と蕎麦の旅 トラッキング -260	秩父札所と蕎麦の旅 トラッキング -260	秩父札所と蕎麦の旅 トラッキング -260
回転 20°	秩父札所と蕎麦の旅 トラッキング -320	秩父札所と蕎麦の旅 トラッキング -320	秩父札所と蕎麦の旅 トラッキング -320

Illustratorで斜体回転文字を作成

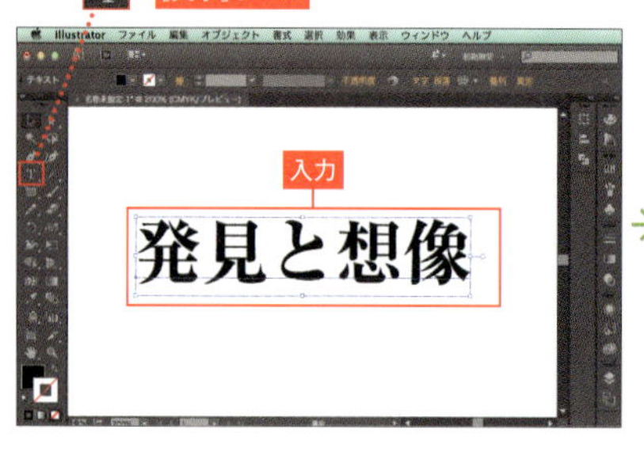

❶ Illustratorを起動し、[文字]ツールで文字を入力する。

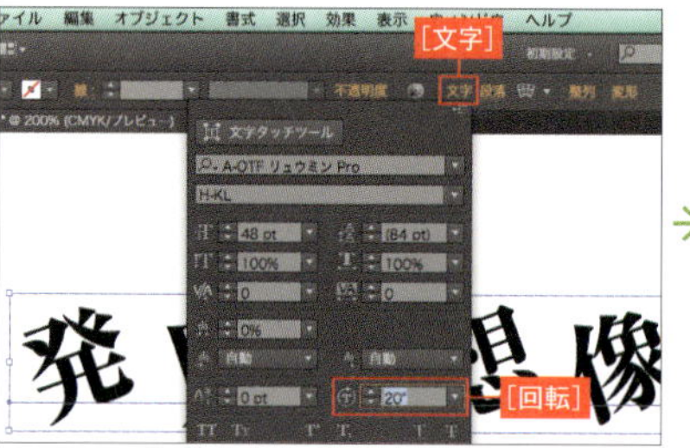

❷ 文字を回転する。[選択]ツールで文字を選択し、オプションバーの[文字]をクリックする。[文字]パネルの[回転]に「20」と入力する。

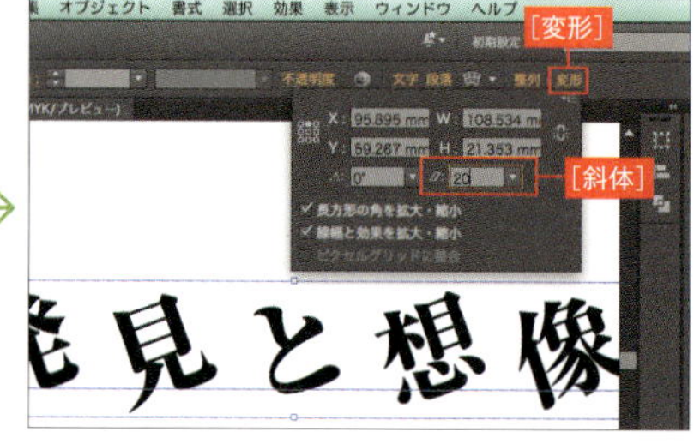

❸ 文字を斜体にする。オプションバーの[変形]をクリックし、[変形]パネルの[斜体]に「20」と入力する。

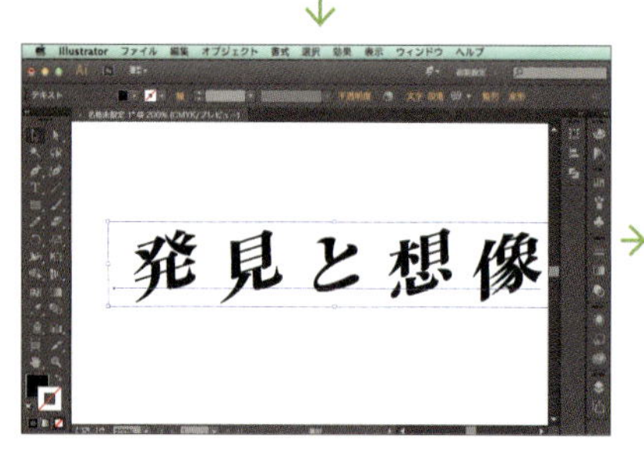

❹ 斜体回転文字が作成されるが、字間が空きすぎているのでトラッキングを調整する。

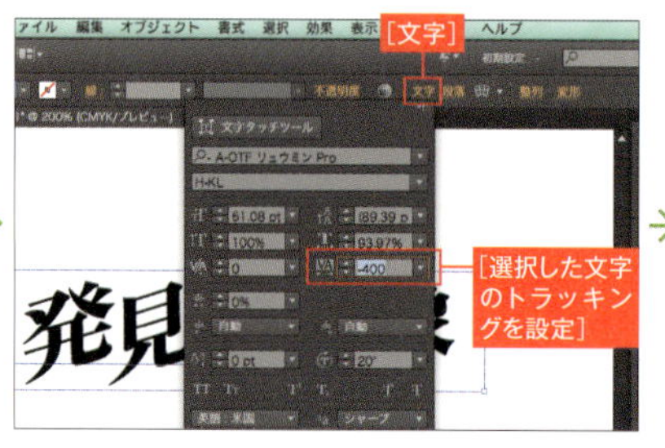

❺ オプションバーの[文字]をクリックし、[文字]パネルの[選択した文字のトラッキングを設定]に「-180」と入力する。マイナス値に設定すると字間が詰まる。

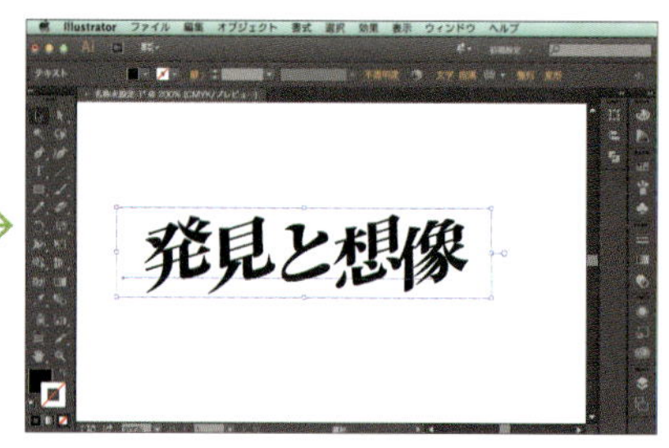

❻ 字間が調整され、斜体回転文字が完成する。

 TYPE G TYPE H

文字の一部のサイズ、ウエイト（太さ）、色を変えてアクセントにする。これらを組み合わせて使うとより効果的

タイトル文字の一部のサイズ、ウエイト（太さ）、色を変更したデザインです。漢字と仮名の別で差をつけたり、重要度の高い単語のみ強調したり、頭文字だけ変化させることでアクセントとなります。また、これらの処理を組み合わせて使用することで、よりタイトルに目が行きやすくなります。

バリエーション

TYPE F

タイトル文字の一部を大きくした。51ページの作例のように、漢字を大きめに、仮名を小さめにすると、リズムの強弱により変化が生まれる。また、この作例のように思い切って頭文字だけを大きくすると目が留まりやすいデザインとなる。

TYPE G

タイトル文字の一部を太くした。漢字を太めに、仮名を細めにすると、バランスがよくなる。同じフォントファミリーの中でウエイトの違うものを組み合わせるのが無難だが、太めのゴシック体と細めの明朝体といったように異書体を組み合わせるケースもある。

TYPE H

タイトル文字の一部の色を変えた。51ページの作例では強調したい単語に、ここでの作例では頭文字に色をつけている。タイトル文字すべてに色をつけてもいいのだが、あえて文字を限定して色をつけることでアイキャッチとしての効果が増すこともある。

TYPE F ＋ TYPE G

タイトル文字の一部を大きく、太くした。

TYPE G ＋ TYPE H

タイトル文字の一部を太くし、それ以外の部分に色をつけた。

TYPE F ＋ TYPE H

タイトル文字の一部を大きくし、色をつけた。

CASE 2

縦組み文字を生かす

TYPE A 基本的な視線誘導を意識して配置する

秩父札所と蕎麦の旅

季節を感じながら
三十四の札所を巡る旅と
蕎麦を通して得られる
自然の恵みを堪能。

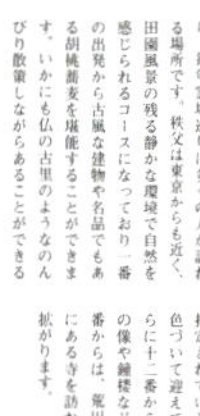

TYPE B タイトルを中央に配置する

秩父札所と蕎麦の旅

季節を感じながら
三十四の札所を巡る旅と
蕎麦を通して得られる
自然の恵みを堪能。

TYPE C タイトルを2行にして配置する

季節を感じながら
三十四の札所を巡る旅と
蕎麦を通して得られる
自然の恵みを堪能。

秩父札所と
蕎麦の旅

TYPE D タイトルとリードをひとまとまりにして配置する

秩父札所と
蕎麦の旅

季節を感じながら
三十四の札所を巡る旅と
蕎麦を通して得られる
自然の恵みを堪能。

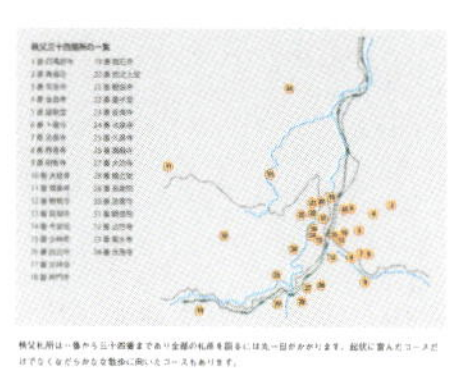

タイトルをはじめ、リード、本文など、縦組みの文字を生かしたバリエーションです。

やはり日本語は縦組みがしっくりきますし、長い和文も読みやすく感じられます。しかし、最近は横組みの印刷物が多く、パソコンでの文書作成やWebの画面なども横組みがほとんどで、いざ縦組みのレイアウトを考えると難しいものです。タイトル文字のアレンジなどは**CASE 1**を参考にしていただくとして、ここでは主に文字組みに重きをおいて、縦組みレイアウトのバリエーションを紹介します。

TYPE E レイアウト要素を上段・中段・下段に分割して配置する

TYPE F タイトルを分散して配置する

TYPE G タイトル文字の並びや大きさ、色などに変化をつける

TYPE H タイトルに縦組み、横文字を混在させる

CASE 2 縦組み文字を生かす

TYPE A 段組みを設定し、ガイドラインに沿って要素をレイアウトする

縦組みの文章は、右上から左下に向かって読み進めるのが普通です。縦組みレイアウトではこの原理に則り、文字や図版要素を右上から左下方向を意識して配置し、視線誘導を行います。そのために、まず段組みを設定し、ガイドライン（補助線）を用意すると作業しやすいでしょう。56ページの作例は、4段組みとなっています。

視線誘導を意識した縦組みレイアウトの流れ

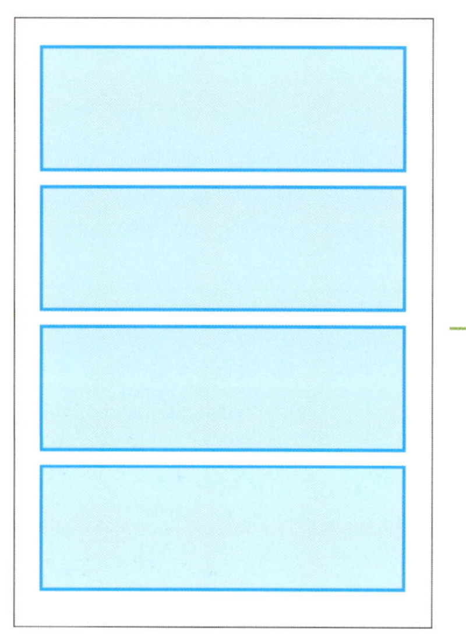

❶ A4サイズの紙面の上下左右にそれぞれ10㎜の余白（マージン）を設定。その内側のスペース（版面）に段組み（ここでは4段組み）を作成する。

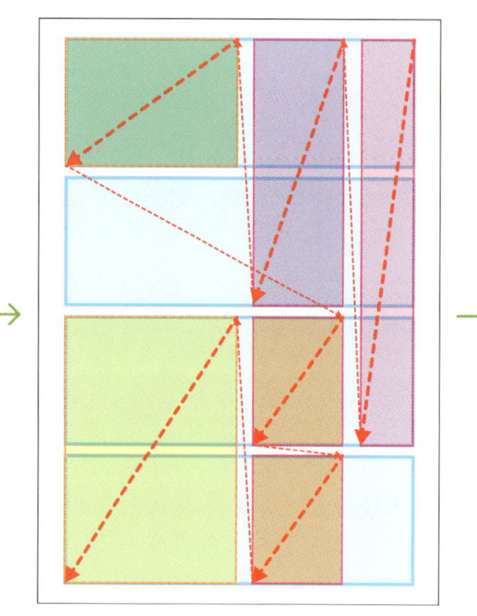

❷ 段組みに沿うように、タイトルやリード、本文、図版を配置するエリアを決める。このとき右上から左下方向への視線誘導を意識する。

❸ あらかじめ用意したエリアに合わせて文字や図版をレイアウトする。本文など文章量が多い場合は、作例のように段組みを分けたほうが読みやすい（ここでは2段に分けた）。

バリエーション

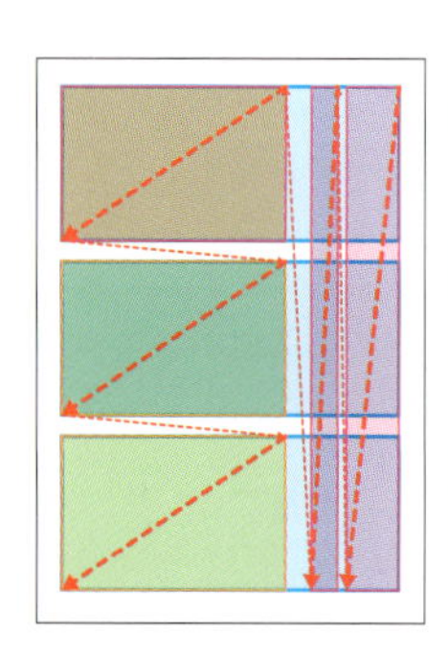

3段組みのレイアウト。タイトルとリードを右側に1行で配置し、本文と写真、イラスト等の要素はそれぞれ段組みに割り付けた。要素ががっちりとブロック分けされているので、堅実な印象を受ける。

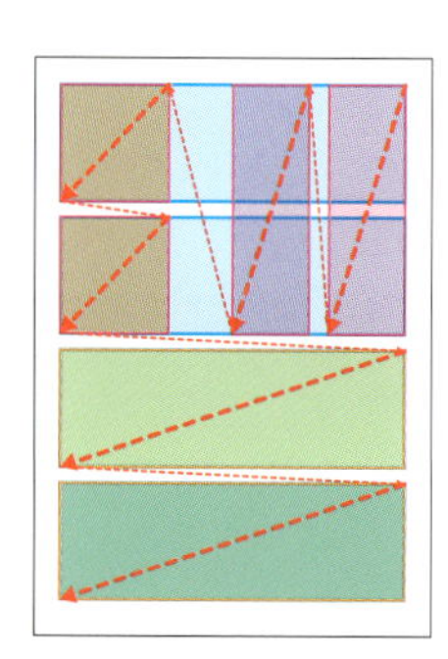

4段組みのレイアウト。まず大枠として上2段を文字スペース、下2段を図版スペースと等分に分け、さらに細かく各要素を配置した。文字要素が上部にまとまっているので、とても読みやすいレイアウトといえる。

TYPE B　タイトルを縦組みで中央に配置する

縦位置の紙面にレイアウトするとき、横組みでタイトル文字をできるだけ大きく見せようとすると、改行しなければならないケースがままあります（53ページCASE 1 - TYPE C 参照）。しかし、縦組み文字ならば1行でしっかり大きく見せることができるかもしれません。その際、紙面中央にタイトルを配置すると、存在感のある潔いデザインとなるでしょう。

バリエーション

56ページの作例が4段組みなのに対し、この作例では3段組みのレイアウトにした。中央のタイトルを境界として、左側を文字スペース、右側を写真スペースと分けた。情報が明快に伝わりやすいデザインといえる。

4段組み、タイトルの中央配置は56ページの作例と同様だが、写真やイラストを控えめに扱うことで、下から3段目に余白を設けた。この余白のおかげで落ち着きのあるデザインとなっている。

TYPE C　よりタイトル文字を大きく扱いたいときの一策

TYPE B よりさらに文字を大きく扱い、タイトルに存在感を持たせたデザイン。タイトルを改行して2行とすることで文字サイズをできるだけ大きく扱っています。56ページの作例では、タイトルの1行目を上揃え、2行目を下揃えとして変化をつけています。タイトル文字が紙面を占める割合があまり多すぎると、全体のバランスを欠いてしまうので注意が必要です。

バリエーション

大きめの2行のタイトルを右上に寄せて配置。対角線上の左下部分に写真を置くことで、重心のバランスをとった。さらに込み入った見た目にならないよう、同じく左上に本文、その対角線上の右下にイラストを分散して配置した。

56ページの作例と同様のサイズ、改行位置、文字揃えのタイトル文字を使用。まず、そのタイトル文字を中央に置いてから、周囲のスペースを埋めるように文字や図版の要素を配置した。自由度はあるが、やや難易度の高いレイアウト。

縦組み文字を生かす

TYPE D　タイトルとリードが同時に目に飛び込むので、内容をすぐに把握できる

概要を表すタイトルとリードを極力近づけて配置することで、ひとまとまりとして扱ったデザインです。タイトルとリードが同時に目に飛び込んでくるので、見る側は速やかに内容を把握できます。56ページの作例では、タイトルとリードを縦位置でひとまとまりにし、紙面の右側に寄せてレイアウトしました。

バリエーション

タイトルとリードを縦位置でひとまとまりにし、紙面の中央に配置。タイトルのリードの幅を合わせるように行数、行間を調整することでバランスをとっている。

タイトルとリードを縦位置でひとまとまりにし、紙面の右側に寄せて配置。タイトルの行の位置（高さ）をずらしているのに合わせ、リードも行ごとに位置をずらして一体感を出している。

TYPE E　上段・中段・下段と分けることで応用が利くデザインに

大まかでもかまわないので紙面を上段・中段・下段と分けたうえで、それぞれのスペースに要素を配置したデザインです。各段のスペースを文字や図版で埋め尽くすのではなく、余白を生かしたゆったりめのレイアウトにすると落ち着いた印象になります。57ページの作例では、上段にタイトルと文字、中段に本文と写真、下段にイラストを配置しました。

バリエーション

左の作例では、上段にリードと本文、中段にタイトル、下段に写真とイラストを配置。中段に余白が多くかなりゆったりとした印象だが、上下の要素でバランスを取っているので違和感はなく、むしろ上品な印象だ。真ん中の作例のようにそのまま上段と中段の要素を入れ替えても、重心が低い安定感のあるレイアウトとなる。また、右の作例のように、中段のタイトルを横組みにしてもレイアウトとして成立するなど、応用が利きやすいデザインといえるだろう。

TYPE F 大きなタイトル文字は、悪目立ちしないような配慮が必要

タイトル文字を思い切って大きく用い、行ごとに分散して配置したデザインです。文字そのものの存在感が強くなり、見た目のアクセントにもなります。しかし、大きな文字は悪目立ちしてまったり、全体的に圧迫感を感じてしまうことがあります。それを避けるために、文字色を淡くしたり、ウエイトが細いフォントを使用するとよいでしょう。

バリエーション

大きめのタイトル文字を3行に分け、右、中央、左と分散して配置し、さらにリードをタイトルの行間に配置して、視覚的に変化をつけた作例。左は、タイトルの文字色を淡くし、細めのフォントを使用した。右は、タイトルの文字色は黒、フォントは太めのゴシックとした。左は全体的に調和がとれているのに比べ、右はタイトルが強すぎてくどく感じる。またリードとの区別がつきづらく読みにくいデザインとなっている。

TYPE G 縦組みのタイトルでも文字のアレンジを試してみよう

CASE 1の TYPE D ～ TYPE H （53～55ページ参照）で紹介したようなタイトル文字のアレンジは、縦組みのレイアウトにおいてももちろん有効です。文字の視認性に注意して、アレンジしすぎないようにしましょう。

バリエーション

シンプルな縦組みレイアウトに、CASE 1の TYPE F と TYPE H を組み合わせた作例（55ページ参照）。タイトルのキーワードとなる単語のみに色をつけて、文字サイズを大きくした。

TYPE H 縦組みと横組みが混在した特殊な文字組みでインパクトを

タイトル文字をL字型に組んだ、主張の強いやや特殊なレイアウトです。頻繁な使用は避けたほうがよいですが、インパクトが求められるときなどに使用するとよいでしょう。他の要素は極力シンプルに配置するのがコツです。

バリエーション

57ページの作例と対称の逆L字型にタイトル文字を組んだ。

タイトル文字に装飾や効果を加える

TYPE A タイトル文字をフチ文字にする

TYPE B タイトル文字に「光彩」効果を適用する

TYPE C タイトル文字を影付き文字にする

TYPE D タイトル文字の塗りをグラデーションにする

視覚的に目立つデザインにする手近な方法として、タイトル文字に装飾を施したり、変型などのテキストエフェクト（効果）を加える方法があります。現在はDTPアプリケーションの進化により、そのような文字の加工も簡単に行えるようになりました。しかし、これらは諸刃の剣で、使いどころや加減を間違えると野暮ったい見た目になってしまうので注意が必要です。

ここで紹介している作例は、効果をわかりやすく見せるためにやや大げさな表現にしていますが、実際にはもう少し控えめな使い方にするとよいでしょう。

TYPE E　タイトル文字を手書き風に加工する

秩父札所と蕎麦の旅

季節を感じながら
三十四の札所を巡る旅と
蕎麦を通して得られる
自然の恵みを堪能。

TYPE F　タイトル文字の塗りをテクスチャやパターンにする

TYPE G　タイトルの文字を変形する

TYPE H　タイトル全体に変型・歪みを適用する

CASE 3 タイトル文字に装飾や効果を加える

TYPE A 文字の塗りとフチの色にメリハリをつけてインパクトと見やすさを

文字に縁取りをしたフチ文字（袋文字）をタイトルに使用したデザインです。スポーツ新聞やスーパーのチラシの見出しなどでよく見かける手法で、文字の塗り色と線色（フチ色）のコントラストを強くするとより目立ちます。インパクトを出すためだけでなく、写真の上に文字を載せた場合など、視認性を確保するためにフチ文字を使用することもあります。

Illustratorのアピアランスによるフチ文字

InDesignでも簡単にフチ文字を作成できるが、より複雑なフチ文字を作成するにはIllustratorの「アピアランス」機能を使うことが多い。

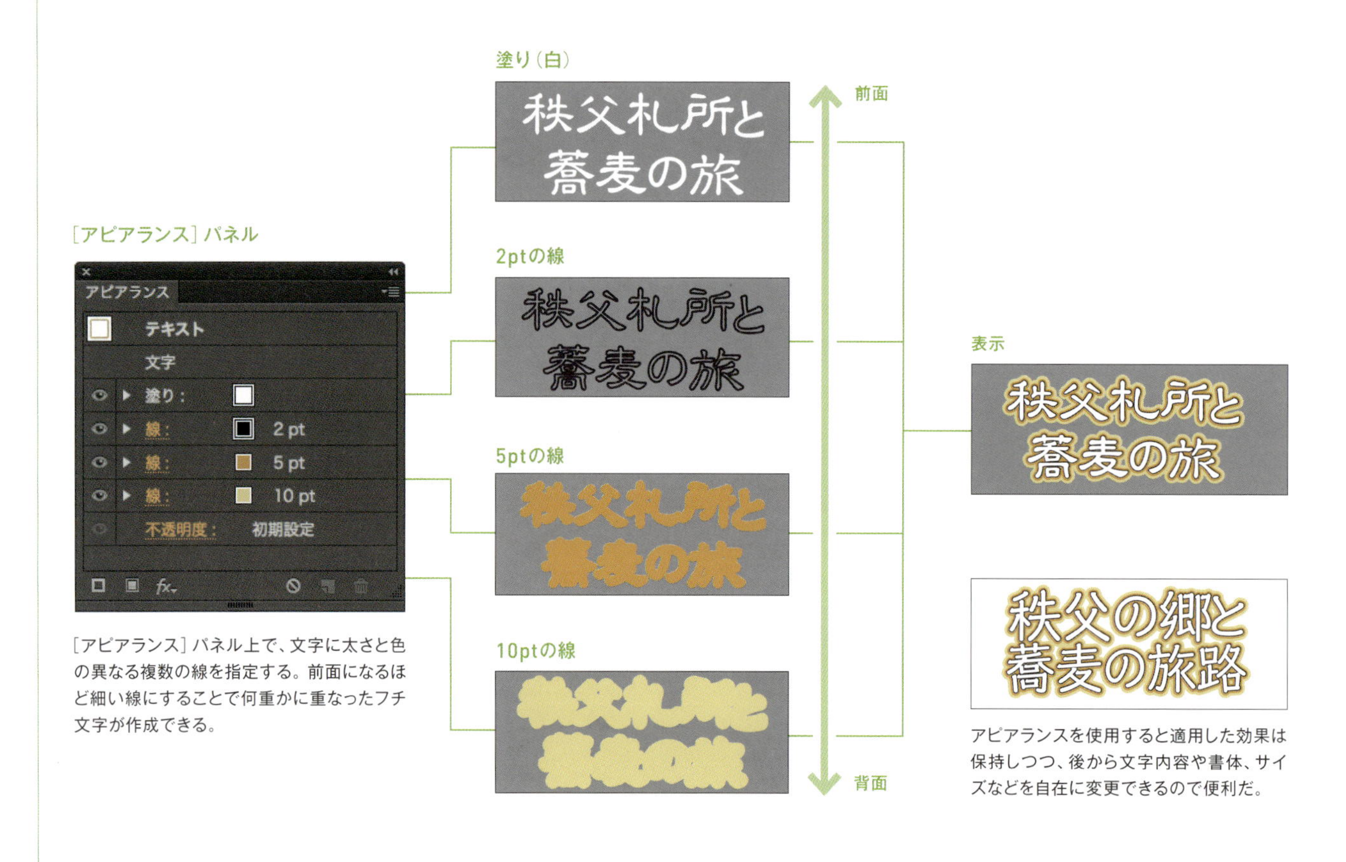

［アピアランス］パネル上で、文字に太さと色の異なる複数の線を指定する。前面になるほど細い線にすることで何重かに重なったフチ文字が作成できる。

アピアランスを使用すると適用した効果は保持しつつ、後から文字内容や書体、サイズなどを自在に変更できるので便利だ。

バリエーション

ポップな書体に合わせて、明るい色味のフチ文字にした。文字の塗り色を白にした場合は、線色を濃くすると文字の輪郭がはっきりと際立つ。

文字の塗り色と線色を同系色でまとめると、比較的上品な見た目となる。このような場合、塗りと一番外側の線の間にやや細めの白フチを入れると文字がぼやけない。

TYPE B 文字が発光しているような効果で柔らかな印象にする

発光しているような「光彩」効果を与えた文字をタイトルに使用したデザインです。通常は背景が暗い色であれば明るい色で、背景が明るい色であれば暗い色で光彩を指定します。見た目のインパクトを出すのとは別に、背景と文字の境界を区別して視認性を確保する際にも使用できます。フチ文字よりは、おとなしめの柔らかな印象となります。

Illustratorで「光彩」効果を作成

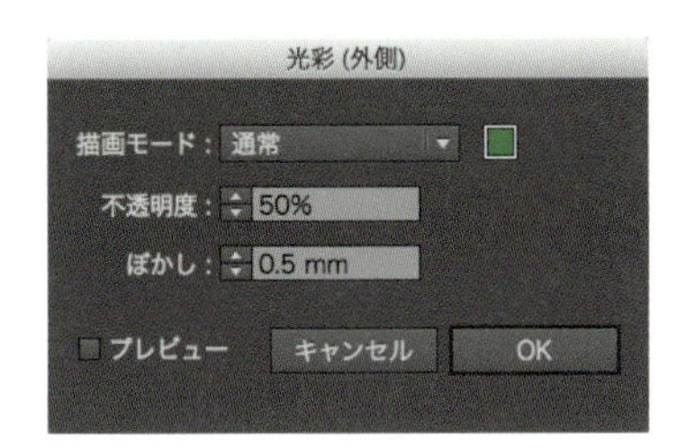

Illustratorでは、[効果]メニュー→[スタイライズ]→[光彩(外側)]で、光彩の効果を適用する。62ページの作例は、[光彩(外側)]ダイアログで、[色][透明度][ぼかし]を上図のように設定した。

バリエーション

62ページの作例とは逆に、背景が暗い色であれば文字と光彩を明るい色にすると、わかりやすく発光した状態の見た目となる。

あえて背景色(白)と同色の光彩を適用すると、文字がにじんだようなぼかしの効果を得られる。

TYPE C 強さを求めるなら影をくっきりと、バランス重視なら影をぼかす

影を付けた文字をタイトルに使用したデザインです。CHAPTER 2-CASE 4-TYPE A(38ページ参照)でも触れた「ドロップシャドウ」は文字にも適用できます。文字が浮き出ているような立体感を表現できます。主張の強さを求めるならばくっきりとした影を落とし、全体のバランスを重視するのであれば影はぼかして背景になじませるとよいでしょう。

Illustratorで影付き文字を作成

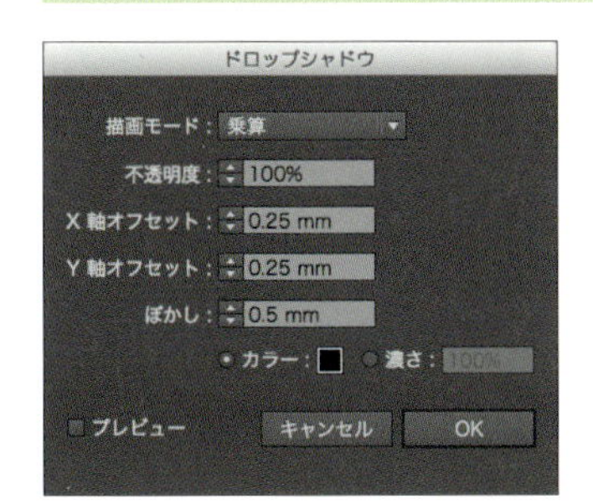

Illustratorでは、[効果]メニュー→[スタイライズ]→[ドロップシャドウ]で、影の効果を適用する。62ページの作例は、[ドロップシャドウ]ダイアログで図のように設定した。[ぼかし]を「0」㎜にすると、くっきりとした影になる。

バリエーション

ドロップシャドウの[ぼかし]を「0」㎜にすると、文字が重なりあったような、くっきりとした影になる。この作例では文字の輪郭を際だたせるため、白フチをつけている。

秩父札所と蕎麦の旅。

文字の左上方向に黒の、右下方向に白の、ドロップシャドウを2つ適用した作例。より立体的に見え、エンボス加工のような凹凸感が表現できる。

CASE 3 タイトル文字に装飾や効果を加える

TYPE D グラデーションに指定する色は、多くても3色程度に

塗りをグラデーションにした文字をタイトルに使用したデザインです。62ページの作例では背景色（白）になじませるようなグラデーションを適用し、柔らかな表現にしています。あまりたくさんの色をグラデーションに使いすぎると品の悪いデザインになりがちなので、指定する色は多くても3色程度にとどめましょう。

Illustratorでグラデーションを適用

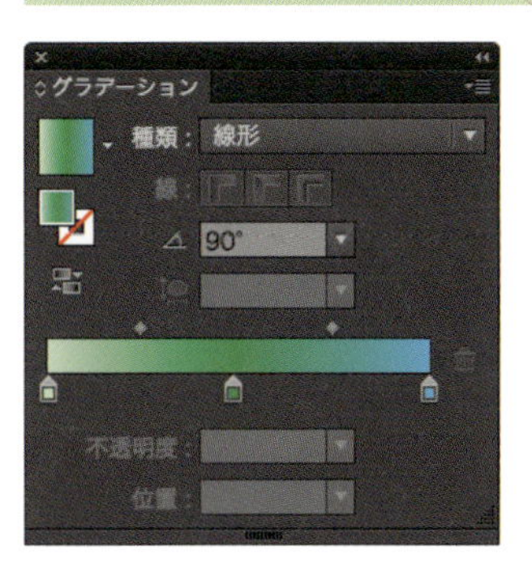

秩父札所と蕎麦の旅

InDesignでも文字にグラデーションを指定できるが、筆者はIllustratorを使うことが多い。Illustratorでは、文字をアウトライン化して（72ページCASE 4-TYPE F参照）［グラデーション］ツールでグラデーションを指定。［グラデーション］パネルでは、グラデーションの方向（円形／線形）、角度、色などを設定できる。

バリエーション

秩父札所と蕎麦の旅。

円形のグラデーションに暖色を指定。中央から外側に向かって暖かさが広がるような雰囲気を演出した。視認性を確保するため、控えめにドロップシャドウを適用している。

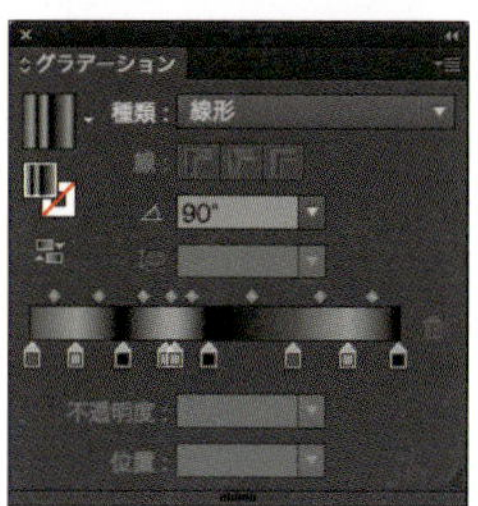

秩父札所と蕎麦の旅。

線形のグラデーションで硬質なイメージと、ハイライト（強く光線を反射している部分）を表現することで、金属のような質感に見せることも可能。

TYPE E Illustratorを使って手書き風文字に加工する

筆で書いたような見た目に加工した文字をタイトルに使用したデザインです。例えば和風テイストの作品などで用いると風情があるでしょう。実際に毛筆を用いた手書き文字をスキャンして使う（97ページ CHAPTER 4-CASE3-TYPE D 参照）方法もありますが、ここでは一般的なフォントを加工しています。文字を手書き風に加工するには、Illustratorを使うのが手早いでしょう。

Illustratorの［ブラシ］パネルで加工

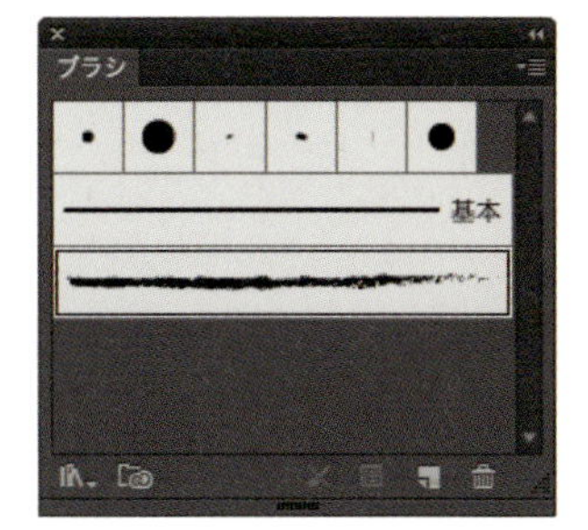

秩父札所と
蕎麦の旅

↓

秩父札所と
蕎麦の旅

63ページの作例では、「明石」で書いた文字をアウトライン化して、［ブラシ］パネルで図のパターンブラシの「木炭画ーブラシ」を適用した。

バリエーション

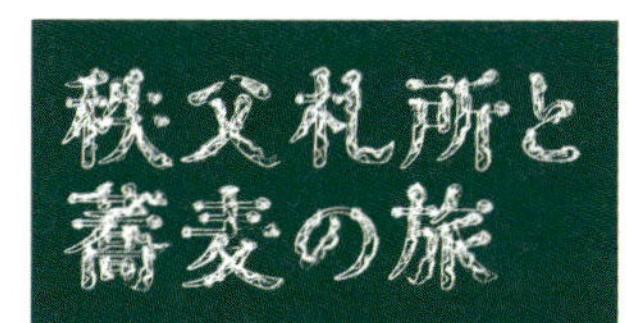

深緑色の背景の上に、「解ミン 宙」で入力してアウトライン化した文字にパターンブラシの「木炭ー羽」を適用。黒板にチョークで書いたような表現になる。

秩父札所と
蕎麦の旅

Illustratorで、「ゴシックMB101 B」で入力してアウトライン化した文字に［効果］メニュー→［スタイライズ］→［落書き］を適用した。文字の塗り部分を鉛筆でスケッチしたような効果を得られる。

TYPE F 太めの文字を用意すると効果がわかりやすい

テクスチャやパターンで塗りつぶした文字をタイトルに使用したデザインです。CHAPTER 2-CASE 4-TYPE E（40ページ参照）で写真を型抜きするマスク機能を紹介しましたが、マスクを文字に適用することでこのような表現が可能となります。文字のマスクはPhotoshopでも行えますが、筆者はIllustratorを使用することが多いです。

Illustratorの［クリッピングマスク］を適用

❶ 鉛筆で塗りつぶしたようなテクスチャ画像（ここではJPEG画像）を用意し、Illustrator上に配置する。

→

❷ テクスチャ画像の前面に文字を配置し、画像と文字を選択状態にする。［オブジェクト］→［クリッピングマスク］→［作成］を選択する。

→

❸ 文字で画像が型抜きされ、文字の塗りがテクスチャになる。文字は太めのフォントを使用したほうが効果が見た目にわかりやすい。

バリエーション

芝生の写真をテクスチャとして用い文字でマスクした。このように目が細かかったり、色味がベタ塗りに近い画像を使うと文字が見やすくなる。

TYPE G 文字の変形は面白さはあるが、やり過ぎに注意

Illustratorの［効果］機能を使って変形させた文字を使ったデザインです。適用する効果によって瞬時に変化がわかり、偶発的な面白さが生まれますが、読みづらくならないようやり過ぎには注意しましょう。

Illustratorの［ラフ］機能を適用

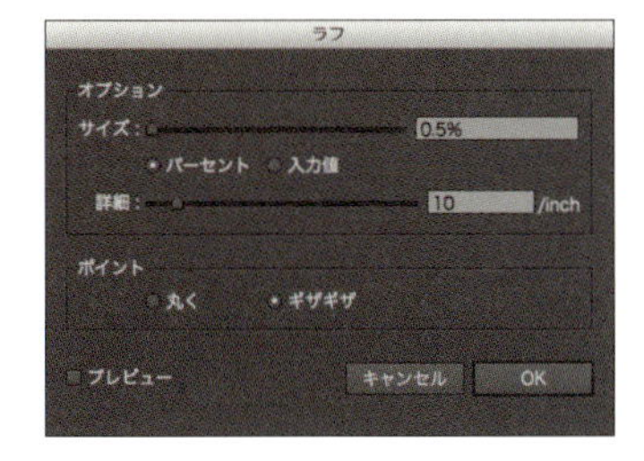

秩父札所と
蕎麦の旅

↓

秩父札所と
蕎麦の旅

63ページの作例では、文字を選択して、［効果］メニュー→［パスの変形］→［ラフ］を適用。［ラフ］パネルで左図のように設定した。このほかにも、同じく［パスの変形］に含まれる［ジグザグ］［パンク］などをうまく使って変形させると面白い表現となる。

TYPE H 歪みを強くし過ぎて読みにくくならないように

Illustratorの［ワープ］機能を使ってパースがかった変形などをタイトル全体に適用したデザインです。変化もあるので目立ちますが、使いどころは限られます。プレビューを変化のほどを確認しながら作業するとよいでしょう。

Illustratorの［ワープ］機能を適用

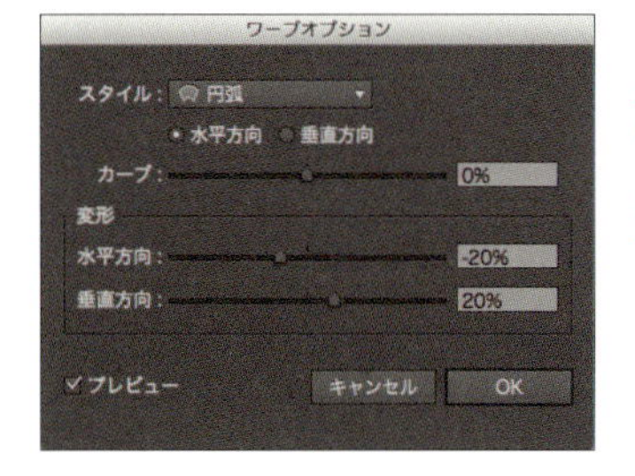

秩父札所と
蕎麦の旅

↓

秩父札所と
蕎麦の旅

63ページの作例では、文字を選択して、［効果］メニュー→［ワープ（でこぼこ）］を適用。［ワープオプション］パネルで左図のように設定した。［プレビュー］にチェックを入れると、作業画面でリアルタイムに変化を確認できる。

CASE 4 タイトル回りにひと工夫加える

TYPE A タイトルの一文字だけ大きく強調する

季節を感じながら三十四の札所を巡る旅と
蕎麦を通して得られる自然の恵みを堪能。

秩父にある札所は三十四ヶ所に上り、毎年霊場巡りに多くの人が訪れる場所です。秩父は東京からも近く、田園風景の残る静かな環境で自然を感じられるコースになっており一番の出発から古風な建物や名品でもある胡桃蕎麦を堪能することができます。いかにも仏の古里のようなのんびり散策しながらあることができるコースです。埼玉県の天然記念物に指定されているコミネモミジも秋に色づいて迎えてくれるでしょう。さらに十二番から十八番は、十三権者の像や鐘楼などが見られます。二十番からは、荒川に沿った長尾根丘陵にある寺を訪ねのどかな農村地帯が拡がります。

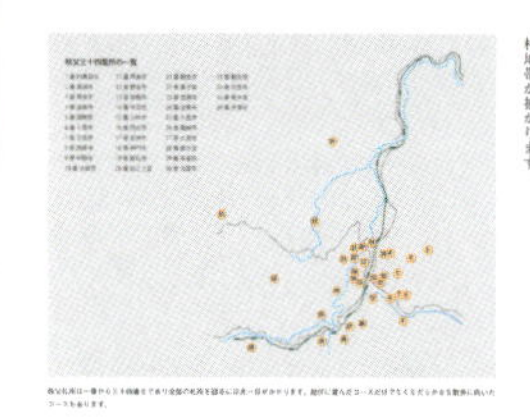

TYPE B タイトル回りに円を組み合わせる

秩父札所と蕎麦の旅

秩父にある札所は三十四ヶ所に上り、毎年霊場巡りに多くの人が訪れる場所です。秩父は東京からも近く、田園風景の残る静かな環境で自然を感じられるコースになっており一番の出発から古風な建物や名品でもある胡桃蕎麦を堪能することができます。いかにも仏の古里のようなのんびり散策しながらあることができるコースです。埼玉県の天然記念物に指定されているコミネモミジも秋に色づいて迎えてくれるでしょう。さらに十二番から十八番は、十三権者の像や鐘楼などが見られます。二十番からは、荒川に沿った長尾根丘陵にある寺を訪ねのどかな農村地帯が拡がります。

季節を感じながら
三十四の札所を巡る旅と
蕎麦を通して得られる
自然の恵みを堪能。

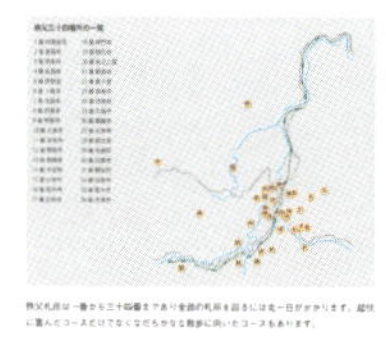

TYPE C タイトル回りに長方形を組み合わせる

季節を感じながら
三十四の札所を巡る旅と
蕎麦を通して得られる
自然の恵みを堪能。

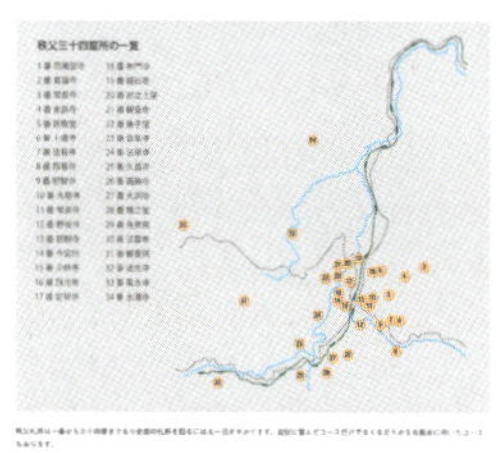

秩父にある札所は三十四ヶ所に上り、毎年霊場巡りに多くの人が訪れる場所です。秩父は東京からも近く、田園風景の残る静かな環境で自然を感じられるコースになっており一番の出発から古風な建物や名品でもある胡桃蕎麦を堪能することができます。いかにも仏の古里のようなのんびり散策しながらあることができるコースです。埼玉県の天然記念物に指定されているコミネモミジも秋に色づいて迎えてくれるでしょう。さらに十二番から十八番は、十三権者の像や鐘楼などが見られます。二十番からは、荒川に沿った長尾根丘陵にある寺を訪ねのどかな農村地帯が拡がります。

TYPE D タイトル回りに線を組み合わせる

秩父札所と
蕎麦の旅

季節を感じながら
三十四の札所を巡る旅と
蕎麦を通して得られる
自然の恵みを堪能。

秩父にある札所は三十四ヶ所に上り、毎年霊場巡りに多くの人が訪れる場所です。秩父は東京からも近く、田園風景の残る静かな環境で自然を感じられるコースになっており一番の出発から古風な建物や名品でもある胡桃蕎麦を堪能することができます。いかにも仏の古里のようなのんびり散策しながらあることができるコースです。埼玉県の天然記念物に指定されているコミネモミジも秋に色づいて迎えてくれるでしょう。さらに十二番から十八番は、十三権者の像や鐘楼などが見られます。二十番からは、荒川に沿った長尾根丘陵にある寺を訪ねのどかな農村地帯が拡がります。

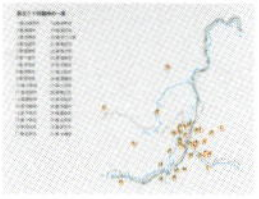

凝ったタイポグラフィを作成したり、華美な装飾を加えなくとも、タイトルにひと工夫加えることで目に留まりやすいデザインにすることができます。

ポイントは、シンプルでも構わないのでアイキャッチとなるアレンジをタイトル回りに施すこと。たとえば、タイトル文字の一部を大きくしたり変形させたり、あるいは円や長方形などの単純な図形、罫線などとタイトルを組み合わせたりするだけでも効果的です。ただし、あまり込み入ったアイテムをタイトルと絡めると、かえってタイトルが見にくくなるので気をつけましょう。

TYPE E タイトル回りに写真を組み合わせる

TYPE F フォントの一部を変形してアクセントにする

TYPE G タイトル回りにシルエットのモチーフを組み合わせる

TYPE H タイトル回りにアイコンを組み合わせる

CASE 4 タイトル回りにひと工夫加える

TYPE A 一文字を強調することでアイキャッチの役割に

タイトル中の1文字だけを極端に大きくして強調したデザインです。68ページの作例では、先頭文字を大きくしたうえでウエイトも太くし、四角形内の白抜き文字とするなど、かなり強調しています。本文などで段落をわかりやすくするために先頭文字を大きくする「ドロップキャップ」という手法がありますが、それをタイトルに応用したものです。

バリエーション

縦組みで先頭の文字のみを大きく扱った。「秩父」という単語を同色にすることで、次の文字の読み順に迷わないよう配慮している。

先頭文字でなくても、文中にポイントとなる文字があればそれを強調するのも面白い。タイトル全体は明朝体で、大きい文字だけゴシック体にするなど、フォントを変える手法もある。

TYPE B 文字の一部が円にかかるように配置するとバランスを取りやすい

タイトル回りに円を組み合わせたデザインです。円を用いると全体的に優しい印象となります。シンプルな形状ですがスポットライトが当たっているような見た目となり、視線を引きつける効果があります。68ページの作例のように、大きめの円を裁ち落としで使用し、文字の一部がかかるように配置すると、窮屈さがなくなり伸びやかさが生まれます。

バリエーション

裁ち落としで用いた円の塗りをグラデーションにして、より雰囲気のある見た目に仕上げた。左右中央に円とタイトルを配置することで、安定感のあるレイアウトとなっている。

円の中にタイトルをすべて収めた。一方でリードと本文を円にかかるようにレイアウトすることで、文章のつながりやまとまりを生み出し、見た目に窮屈にならないようにした。

TYPE C　見た目にあまり堅くなりすぎないような工夫を

タイトル回りに長方形を組み合わせたデザインです。TYPE Bの円との組み合わせよりも、整然とした見た目になります。堅めの印象に見えるときは、角丸の長方形などを使ってソフトなイメージにするとよいでしょう。68ページの作例では、長方形の輪郭をラフ（Illustratorの［ラフ］機能を適用。67ページCASE 3-TYPE G参照）にすることで雰囲気を柔らげています。

バリエーション

タイトルを分割し、その対比を生かすため違う色の角丸長方形をそれぞれの背面に配置した。タイトルに対照的な言葉が含まれるときなどに効果的だ。

タイトルを一文字ごとに正方形の中に配置した。一文字ずつが独立した要素として見え、リズムを感じさせる遊びのあるデザインとなる。

TYPE D　線も使い方によっては有効なデザインアイテムになる

通常、要素を区分けしたり、揃えたりするときなど機能的に使われる線ですが、使い方によってはタイトルを生かすためのアクセントとなります。原稿用紙やノート、便箋になぞらえて罫線を用いたり、少し太めの線を使って彩りを添えたりします。68ページの作例では、タイトル回りに原稿用紙の罫線を模した細い線を使用しました。

バリエーション

タイトルとリードの行頭部分、左側に配置したグラデーションのやや太めの線がアイキャッチの役目を担っている。シンプルだが、これがあるとないとでは印象がだいぶ違って見えるはずだ。

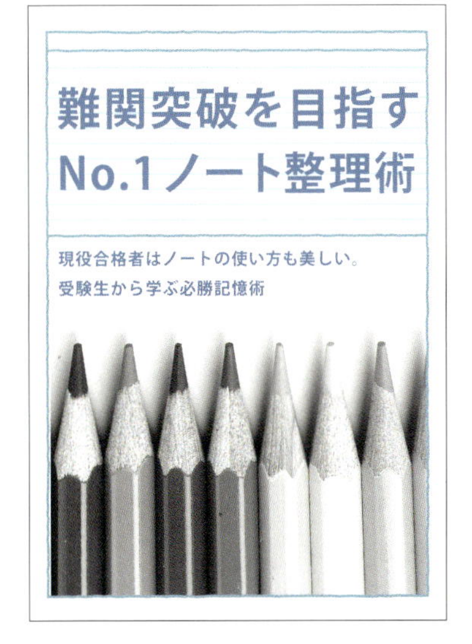

便箋を模した罫線をタイトル回りに使用した。普通の直線だと印象がやや堅くなるので、Illustratorの効果］メニュー→［パスの変形］→［ラフ］（67ページCASE 3-TYPE G参照）を使って手書き線のような風合いを出している。

CASE 4 タイトル回りにひと工夫加える

TYPE E 写真とタイトルが一度に目に入りテーマが伝わりやすい

タイトル回りに写真を組み合わせたデザインです。内容を象徴的に表す写真を用いることで、一目で制作物のテーマが伝わりやすくなります。69ページの作例では、文字の下端が少し切れるように、写真の下部にタイトルを載せました。文字色と地色の白によってタイトルスペースと本文スペースとの間がつながり、一体感が生まれています。

バリエーション

TYPE A との組み合わせで、タイトルの先頭文字だけ大きくして写真の上に載せた。アイキャッチとしての効果が期待できる。

タイトル1行目は69ページの作例のように配置し、2行目はCASE 3-TYPE F（67ページ参照）で解説したマスク機能で写真を文字で型抜きした。かなりタイトルの主張が強いデザインとなる。

TYPE F 文字の一部を強調などしてアクセントに

文字のフォントを変形してタイトルに用いたデザインです。Illustratorで文字のアウトラインを作成し、図形化したうえで、文字の「はね」や「はらい」、直線部分を伸縮したり、一部を切り取ったりなどして加工します。69ページの作例では、タイトル文字の「はね」「はらい」を延長し、アレンジすることで、タイトルにアクセントをつけています。

Illustratorで文字をアウトライン化

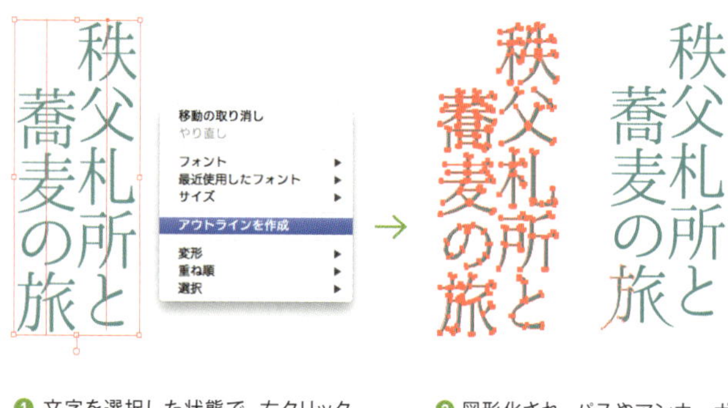

❶ 文字を選択した状態で、右クリックで表示されるメニューから［アウトラインを作成］を選択する。文字のアウトラインが作成される。

❷ 図形化され、パスやアンカーポイントを編集できるようになるので、適宜文字を変形する。

バリエーション

ゴシック体の字形の一部を切り取り、ステンシル（文字を切り抜いた型紙を当ててインクやスプレーでプリントする手法）を使用したような表現にした。

TYPE G TYPE H シンボリックなシルエットやアイコンをタイトルに絡める

タイトル回りに、テーマや雰囲気に合ったモチーフのシルエットやアイコンを組み合わせたデザインです。アイキャッチ的な効果に加え、シンボリックな図柄によって制作物のイメージを強く伝達できるメリットもあります。シルエットやアイコンは、Illustratorで元絵をトレースして作成するほか、インターネットで公開されているものを見つけてダウンロードして利用する方法もあります。

バリエーション

寺のシルエットを背景にし、タイトル文字を載せた。シルエットの塗りをグラデーションにしておごそかな雰囲気を出している。

ベタ塗りの人物シルエットを背景にし、縦組みのタイトルを載せた。シルエットを裁ち落としで用い、思い切って面積を取ることで、タイトルと本文の対比を明確にしている。

タイトル文字を正方形になるように4×4=16コマに分けて上下左右均等に割り付け、ランダムな文字間にアイコンを組み込んだ。少し遊び心のあるデザインだ。

シルエットやアイコンをダウンロードできるWebサイト

シルエットやアイコンの素材をインターネットで提供しているサイトが多数存在します。いくつかそのような便利なサイトを紹介します。素材の中には有料だったり、商用利用不可であったり、作者へのリンクが必要なものもあるので、使用条件等は各自で確認の上、ご利用ください。

シルエットデザイン
http://kage-design.com/

高品質のシルエットイラストが、IllustratorのAIファイルで提供されているサイト。

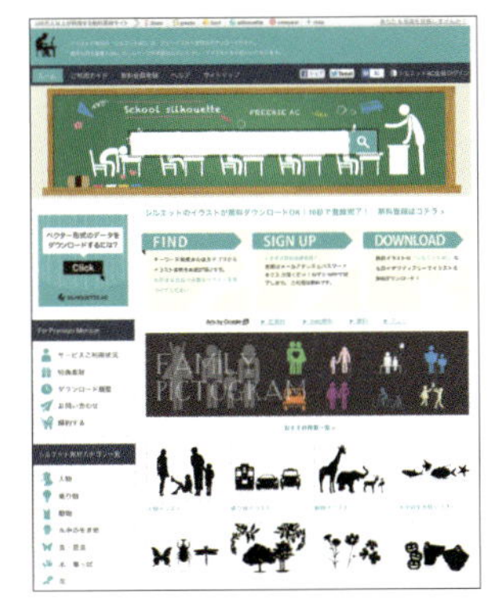

シルエットAC
http://www.silhouette-ac.com/

キーワード検索で目的のシルエットが探せるサイト。ファイル形式は、JPEG、Illustrator用のEPS、PNG。

アイコン配布中!
http://icon.touch-slide.jp/

スマートフォン用のアイコンサイトだが、パソコンでも使用可能。ファイル形式は、AI、PNG、PSD、Fireworks用のPNG。

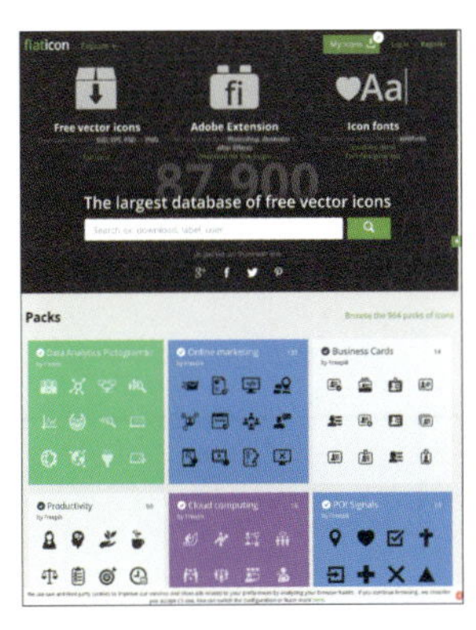

flaticon
http://www.flaticon.com/

海外のアイコンサイト。ファイル形式は、EPS、PNG、PSD、SVG。

CASE 5

英文をタイトルと組み合わせる

TYPE A 英文を和文タイトルの行間に配置する

野菜満載の
The Vageta Full Life
生活で暮らそう。

身の回りを野菜で満たす
ベジタ"フル"ライフを暮らしに取り入れ
栄養素をふんだんに摂取しましょう。

野菜には人間に必要な多くの栄養素が含まれています。栄養素だけを摂取しようと考え込んでしまうと逆にストレスになってしまいます。自然と生活の中に野菜で満たされた暮らしに変えていくことで、自然に必要な栄養素をふんだんに摂取することができるようになります。

野菜の持つ栄養素のうち、ビタミンC、E、カロチンは美容に、細胞の老化を防止する効果、免疫力を高めて、風邪などの予防につながります。またビタミンAは皮膚や粘膜を健康に保ち、がんの予防に効果があるといわれています。さらにコレステロール値を下げたり便秘の解消や大腸がんの予防など内臓に効果があります。

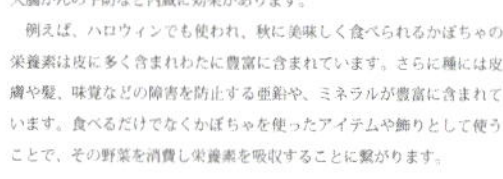

例えば、ハロウィンでも使われ、秋に美味しく食べられるかぼちゃの栄養素は皮に多く含まれわたに豊富に含まれています。さらに種には皮膚や髪、味覚などの障害を防止する亜鉛や、ミネラルが豊富に含まれています。食べるだけでなくかぼちゃを使ったアイテムや飾りとして使うことで、その野菜を消費し栄養素を吸収することに繋がります。

TYPE B 英文を和文タイトルの上部に配置する

The Vageta Full Life
野菜満載の生活で暮らそう。

身の回りを野菜で満たす
ベジタ"フル"ライフを暮らしに取り入れ
栄養素をふんだんに摂取しましょう。

野菜には人間に必要な多くの栄養素が含まれています。栄養素だけを摂取しようと考え込んでしまうと逆にストレスになってしまいます。自然と生活の中に野菜で満たされた暮らしに変えていくことで、自然に必要な栄養素をふんだんに摂取することができるようになります。

野菜の持つ栄養素のうち、ビタミンC、E、カロチンは美容に。細胞の老化を防止する効果、免疫力を高めて、風邪などの予防につながります。またビタミンAは皮膚や粘膜を健康に保ち、がんの予防に効果があるといわれています。さらにコレステロール値を下げたり便秘の解消や大腸がんの予防など内臓に効果があります。

例えば、ハロウィンでも使われ、秋に美味しく食べられるかぼちゃの栄養素は皮に多く含まれわたに豊富に含まれています。さらに種には皮膚や髪、味覚などの障害を防止する亜鉛や、ミネラルが豊富に含まれています。食べるだけでなくかぼちゃを使ったアイテムや飾りとして使うことで、その野菜を消費し栄養素を吸収することに繋がります。

TYPE C 英文と和文タイトルを複数行で配置する

The
野菜満載の
Vageta
生活で
Full
暮らそう。
Life

身の回りを野菜で満たす
ベジタ"フル"ライフを暮らしに取り入れ
栄養素をふんだんに摂取しましょう。

野菜には人間に必要な多くの栄養素が含まれています。栄養素だけを摂取しようと考え込んでしまうと逆にストレスになってしまいます。自然と生活の中に野菜で満たされた暮らしに変えていくことで、自然に必要な栄養素をふんだんに摂取することができるようになります。

野菜の持つ栄養素のうち、ビタミンC、E、カロチンは美容に。細胞の老化を防止する効果、免疫力を高めて、風邪などの予防につながります。またビタミンAは皮膚や粘膜を健康に保ち、がんの予防に効果があるといわれています。さらにコレステロール値を下げたり便秘の解消や大腸がんの予防など内臓に効果があります。

例えば、ハロウィンでも使われ、秋に美味しく食べられるかぼちゃの栄養素は皮に多く含まれわたに豊富に含まれています。さらに種には皮膚や髪、味覚などの障害を防止する亜鉛や、ミネラルが豊富に含まれています。食べるだけでなくかぼちゃを使ったアイテムや飾りとして使うことで、その野菜を消費し栄養素を吸収することに繋がります。

TYPE D 和文タイトルをアクセントにする

The Vageta
Full Life
野菜満載の
生活で暮らそう。

身の回りを野菜で満たす
ベジタ"フル"ライフを
暮らしに取り入れ
栄養素をふんだんに
摂取しましょう。

野菜には人間に必要な多くの栄養素が含まれています。栄養素だけを摂取しようと考え込んでしまうと逆にストレスになってしまいます。自然と生活の中に野菜で満たされた暮らしに変えていくことで、自然に必要な栄養素をふんだんに摂取することができるようになります。

野菜の持つ栄養素のうち、ビタミンC、E、カロチンは美容に。細胞の老化を防止する効果、免疫力を高めて、風邪などの予防につながります。またビタミンAは皮膚や粘膜を健康に保ち、がんの予防に効果があるといわれています。さらにコレステロール値を下げたり便秘の解消や大腸がんの予防など内臓に効果があります。

例えば、ハロウィンでも使われ、秋に美味しく食べられるかぼちゃの栄養素は皮に多く含まれわたに豊富に含まれています。さらに種には皮膚や髪、味覚などの障害を防止する亜鉛や、ミネラルが豊富に含まれています。食べるだけでなくかぼちゃを使ったアイテムや飾りとして使うことで、その野菜を消費し栄養素を吸収することに繋がります。

当たり前の話しですが、私たちが普段目にするポスターやチラシ、表紙のタイトルはほぼ日本語です。しかし、そこに英語の文字を合わせて用いることでデザインの幅がぐんと広がります。

アルファベットのシンプルな字形は、私たち日本人の目にはある種記号的に映ります。また、欧文フォントは種類が豊富で、スタイリッシュなデザインのものも数多く存在します。そのため、制作物の内容や雰囲気に合った書体をチョイスし、英文をレイアウトすることで、装飾として用いることができます。

TYPE E 英文を和文タイトルより大きく扱う

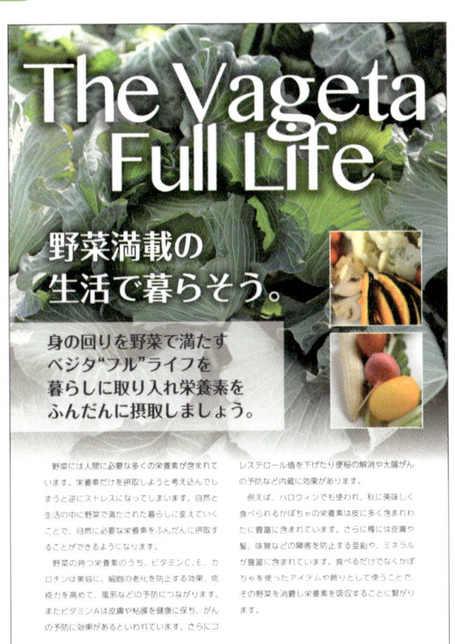

TYPE F 英文と和文タイトルを並列に扱う

The Vageta Full Life
野菜満載の生活で暮らそう。
身の回りを野菜で満たす
ベジタ“フル”ライフを
暮らしに取り入れ
栄養素をふんだんに
摂取しましょう。

TYPE G 縦組みの和文タイトルに合わせて英文を回転する

THE VAGETA FULL LIFE
野菜満載の生活で暮らそう。
身の回りを野菜で満たす
ベジタ“フル”ライフを
暮らしに取り入れ
栄養素をふんだんに
摂取しましょう。

TYPE H 英文と和文タイトルをひとまとまりとして扱う

英文をタイトルと組み合わせる

TYPE A　欧文フォントの特徴をデザインに生かす

英文をシンプルに和文タイトルの行間に配置したデザインです。このとき英文はメインタイトルの引き立て役、控えめなアクセントとして用いるとよいでしょう。使用する欧文フォントの種類や字形によって、紙面全体の印象も変わってきます。フォントの特性を知り、制作物のコンセプトやデザインの意図に合ったものを選ぶようにしましょう。

バリエーション

縦組みの和文タイトルの行間に英文を回転して配置。74ページの作例と同様、英文と和文タイトルが同化して読みづらくならないよう、文字色で区別をつけている。

野菜満載の
The Vageta Full Life
生活で暮らそう。

身の回りを野菜で満たす
ベジタ"フル"ライフを
暮らしに取り入れ
栄養素をふんだんに
摂取しましょう。

タイトルの背景に青の帯を敷き、行間の空きに英文を配置した。太めの書体を用いたが、文字の上下が同色の帯に掛かるようにして背景になじませ、控えめなイメージにした。

欧文フォントの書体の主な分類

欧文フォントは、文字のデザインによっていくつかの書体に分類されます。ここでは主な書体の特徴などについて触れます。それぞれの特徴を理解し、デザインに生かすとよいでしょう。

●セリフ体

ABCDEFGHIJKLMNOPQRSTUVWXYZ

文字の線の端に「セリフ=ひげ」と呼ばれる飾りがある書体。トラディショナルな印象で、繊細さ、品の良さが感じられる。

●サンセリフ体

ABCDEFGHIJKLMNOPQRSTUVWXYZ

前出の「セリフ=ひげ」がない書体。現代的な印象で、強さや安定感が感じられる。日本ではゴシック体と呼ばれることが多い。

●スクリプト体

ABCDEFGHIJKLMNOPQRSTUVWXYZ

カリグラフィペンで書いた筆記体のような書体。流麗で見た目に美しいが、日本人にとってはやや読みづらいかもしれない。

●ハンドライト体

ABCDEFGHIJKLMNOPQRSTUVWXYZ

手書きのような雰囲気を持つ書体で、スクリプト体よりポップな印象。アナログ感のあるデザインにしたいときなどに効果的だ。

欧文フォントのスタイルの主な分類

和文、欧文問わずフォントには、基本となるスタイルのウエイト（太さ）や形状などを変化させた「ファミリー」が用意されていることが多くあります。スタイルの使い分けでもデザインの印象は左右されます。

●Regular（レギュラー）

ABCDEFGHIJKLMNOPQRSTUVWXYZ

フォントの基本となるスタイル。これをベースにフォントファミリーが構成される。

●Bold（ボールド）

ABCDEFGHIJKLMNOPQRSTUVWXYZ

太字のスタイル。視認性が高く、強調する際などによく使われる。

●Light（ライト）

ABCDEFGHIJKLMNOPQRSTUVWXYZ

細字のスタイル。最近流行のフラットデザインなどで用いられている。

●Italic（イタリック）

ABCDEFGHIJKLMNOPQRSTUVWXYZ

斜体のスタイル。変化をつけたいときに有効だが、あまり多用はしない。

●Condensed（コンデンスド）

ABCDEFGHIJKLMNOPQRSTUVWXYZ

横幅を狭めたスタイル。日本では「長体」とも呼ばれる。

TYPE B　文字サイズは大きめでも、色や字体を弱めて装飾的に用いる

和文タイトルの上部に英文を配置したデザインです。TYPE Aと比較すると英文のサイズが大きいですが、文字色を薄めにしたり、ウエイトの細いフォントを使用することで装飾的に用いています。74ページの作例では、太めのサンセリフ体のフォントを用いてますが、文字色を淡くすることで和文タイトルを立たせるように配慮しています。

バリエーション

和文タイトルに英文が少し掛かるように配置して一体感を出した。タイトルが見やすいように、英文は文字色を淡い色にして、少し華奢なセリフ体フォントを使用した。

左の作例同様、和文タイトルに英文が少し掛かるように配置。英文に筆記体のようなスクリプト体のフォントを用いて、動きのある上品なイメージに仕上げた。

TYPE C　和文と英文の区別がつきやすいデザイン処理を

和文タイトルを3行以上で用いて、その余白や行間に英文を配置したデザインです。紙面を文字で占める割合が増えるので、タイトルの存在感が強くなります。和文と英文の距離が近くなることで一体感が生まれますが、同化してしまい見えづらくならないように、文字色やフォント、配置などで両者の区別を明確にさせます。

バリエーション

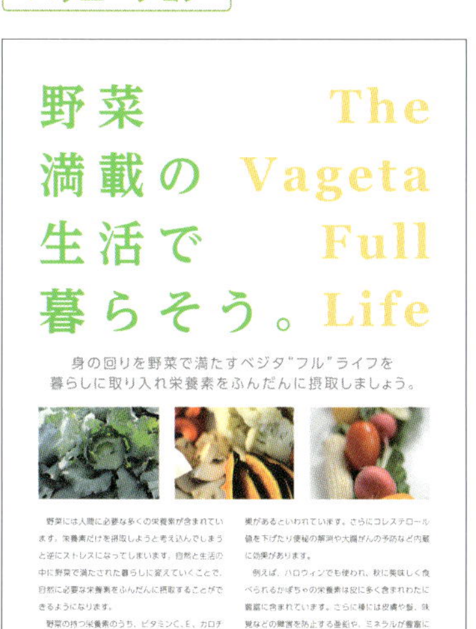

和文タイトルを左揃え、英文を右揃えで、それぞれ4行にして配置。シンメトリックな見た目になり安定感があるレイアウトだ。

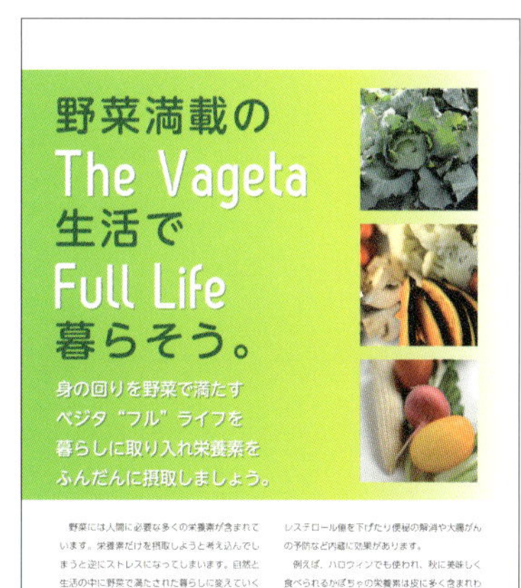

緑のグラデーションを背景にタイトルを載せた。和文と英文が交互に並ぶが、英文を白抜き文字にすることで、区別がつきやすくしている。

英文をタイトルと組み合わせる

TYPE D　和文タイトルにデザイン処理を施して目に留まるように

メインとなる和文タイトルより、あえて英文のほうを大きく扱い、和文タイトルをアクセントとしてデザインしました。英文のサイズは大きめですが、比較的シンプルな書体にして控えめの印象にしています。一方で和文タイトルの文字サイズは小さめですが、図形や飾りを使ってデザイン処理することで目に留まりやすくしています。

バリエーション

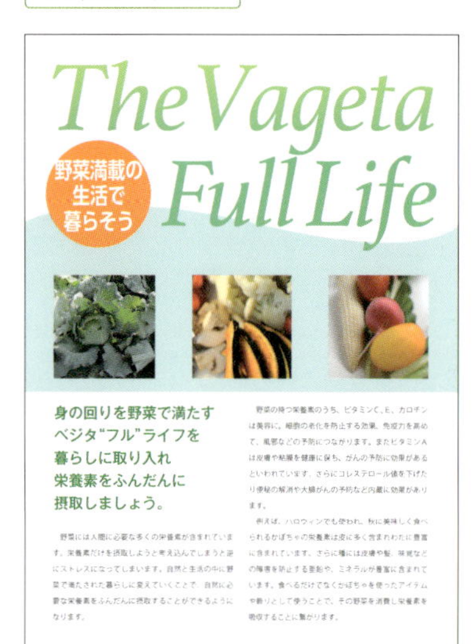

英文の書体には、セリフ体のイタリック文字を指定。タイトルとしてまとまりを感じさせるため、改行してできた余白部分に、円と組み合わせた和文を配置している

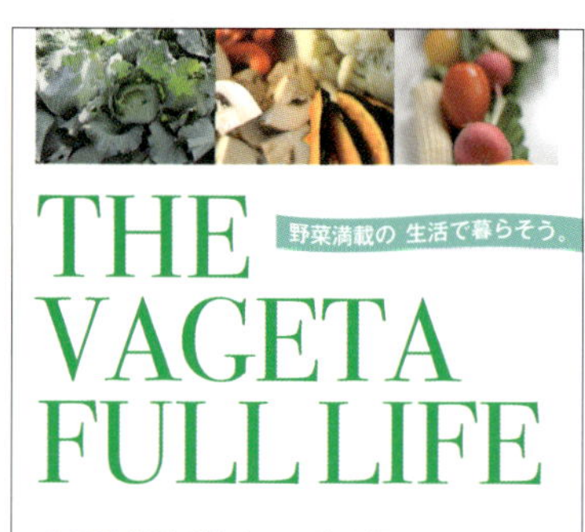

左の作例同様、英文を改行してできた余白部分に、リボン風の帯に載せた和文を配置。タイトルとして認識させるため英文と和文とを近づけてレイアウトするように注意する。

TYPE E　インパクト重視で変化のあるフォントを使ってみる

TYPE D と同様、和文タイトルより英文のほうを大きく扱ったデザインです。ただし、こちらはインパクト重視で、英文もビジュアル要素と割り切って、少し変化のある書体やスタイルを用いるのがポイントです。

バリエーション

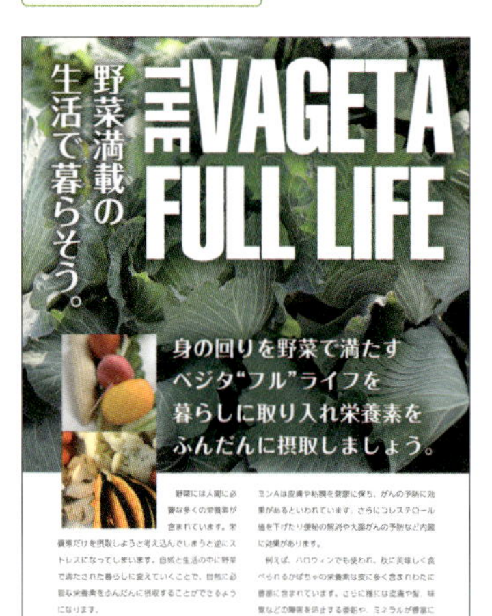

和文タイトルの読みやすさより、見た目のインパクトを優先し、英文のフォントをコンデンスドボールド（太い長体）のスタイルにした。

TYPE F　英文、和文、どちらもきちんと読ませたいときに

和文タイトルと英文の扱いに大きな差をつけず、両者を並列に配置したデザインです。見る側に和文タイトルと英文、どちらも文章としてしっかり読ませたいというときに効果的でしょう。

バリエーション

身の回りを野菜で満たす
ベジタ "フル" ライフを暮らしに取り入れ
栄養素をふんだんに摂取しましょう。

左右中央を軸に、左側に英文を右揃えで、右側に和文を左揃えで配置し、タイトル部分を2分割して見せている。シンメトリーを意識して、本文も2段組みにしている。

TYPE G　縦組みの和文タイトルを使う際に有効

主に和文タイトルを縦組みで使用する際、英文を回転して横倒しで配置したデザインです。どうしても英文は読みにくくなってしまいますが、横倒しの英文を大きめにレイアウトすることで装飾的に見えるようになります。和文と英文の行の高さ（幅）を揃えるとバランスがよくなるので、文字サイズや文字間を調整してみましょう。

バリエーション

右端に横倒しにした英文を大きめに配置し、その横に和文タイトルをレイアウト。オレンジの帯を敷くことで和文タイトルに目が行くようにしている。

2行にした英文に沿うように和文タイトルを配置。左の作例とは逆に、装飾としての英文にインパクトを持たせるため、太めの書体で濃いめの文字色にしている。

TYPE H　英文と和文を1つのロゴのようにも見せられる

和文タイトルと英文をより密接に関連付けて、ひとまとまりとして扱ったデザインです。英文と和文をまとめて、さらに**CASE 3**のように文字を装飾したり（62〜67ページ参照）、**CASE 4**のように図形や写真を組み合わせたり（68〜73ページ参照）することで、変化に富んだタイトルデザインとなります。75ページの作例のようなロゴタイプ風のデザインにもできます。

バリエーション

角丸長方形の中に写真、英文、和文タイトルを収めた。写真の効果でタイトル回りに目が行きやすいデザインとなる。

なだらかな曲線に沿って英文と和文タイトルを上下に配置。英文の文字にはグラデーションやドロップシャドウなどの装飾、効果を加え、ロゴっぽさを演出してみた。

COLUMN 見出しのバリエーション

一目でその文書の概要がわかり、必要な情報にすぐにアクセスできるようにするためのナビゲーションとなるのが「見出し」です。制作物全体のタイトル、いわゆる「大見出し」のバリエーションについてはCHAPTER 3などが参考になりますが、ここでは本文などをまとまりごとにわかりやすくナビゲートする「小見出し」のバリエーションを紹介します。

TYPE A

自転車で通える谷根千のおいしい店

冒頭の文字のみ大きくし、さらに目につくように文字のカラーを反転したボックス内に配置しています。1色しか使用できないときに目立たせることができます。

TYPE B

自転車で通える谷根千のおいしい店

文字と同系色の罫線を文字下と左側に配置しました。枠で囲い込まずに、あえて上と右側を開けることで開放感が生まれます。

TYPE C

自転車で通える谷根千のおいしい店

タイトルに関連したイラスト（シルエットアイコンのようなもので可）をアイキャッチとして行頭に配置しています。イラストが入ることで柔らかさが生まれ、テーマが強調されます。

TYPE D

自転車で通える谷根千のおいしい店

中央部分のみが太い帯を上下に配置しています。単純な直線よりもソフトな印象となります。

TYPE E

自転車で通える谷根千のおいしい店

帯の上に文字を配置しました。帯は角丸長方形にして柔らかい印象にし、文字色と色みを揃えて統一感を出しています。また、行頭に円形を配置してアクセントを加えてみました。

TYPE F

自転車で通える谷根千のおいしい店

文字に沿って手書き風の下線を配置しました。ここではダーマトグラフのようなタッチの線を使用しましたが、ほかにも色鉛筆や蛍光マーカーなど色々なタッチが考えられます。

CHAPTER 4

困ったときのデザインバリエーション

デザインを行う際に、必ずしも万全な素材が提供されるとは限りません。写真などの画像に不備があったり、ビジュアル要素そのものが用意できないケースはよくあります。本章では、時間や予算に限りがあり、新たに素材を取り寄せたり、撮り下ろすことができないというときに有効なバリエーションを紹介します。

CASE 1

写真に不備がある

TYPE A Illustratorでトレースしてイラスト風にする

TYPE B トレースして線画にする

The Vageta Full Life
野菜満載の生活で暮らそう。
身の回りを野菜で満たす
ベジタ"フル"ライフを暮らしに取り入れ
栄養素をふんだんに摂取しましょう。

TYPE C 線画に塗りやテクスチャを指定する

TYPE D 被写体の形状を文字で表現する

The Vageta Full Life
野菜満載の生活で暮らそう。

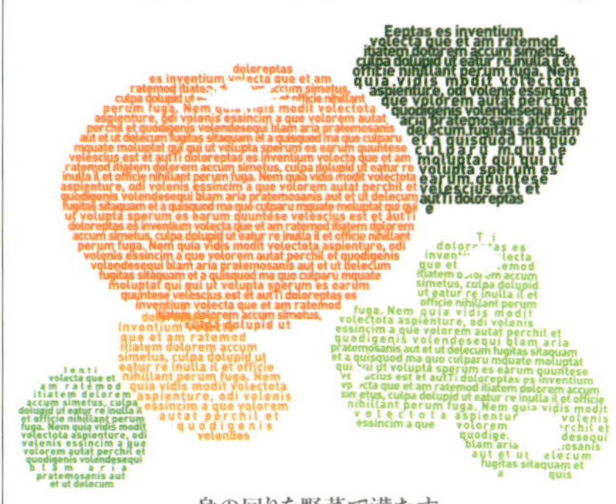

身の回りを野菜で満たす
ベジタ"フル"ライフを暮らしに取り入れ
栄養素をふんだんに摂取しましょう。

写真などのビジュアル素材を提供されたものの、低解像度だったり、きれいに撮れていないなど不備があるケースがまあります。Photoshopで無理に解像度を上げても、元画像の解像度が低ければジャギー（ギザギザ）が目立つ粗い画像になってしまいますし、写真を補正するにも限界があります。

そのようなときは割り切って、元写真をトレースしたり、効果を適用するなどして、イメージカットとして用いる方法があります。見た目こそ変化するものの、被写体の形状や色などのイメージを残すことで、印象的なビジュアルとなります。

TYPE E　モザイク状のビジュアルにする

TYPE F　Photoshopのフィルタを適用して絵画風にする

TYPE G　写真にぼかしを適用する

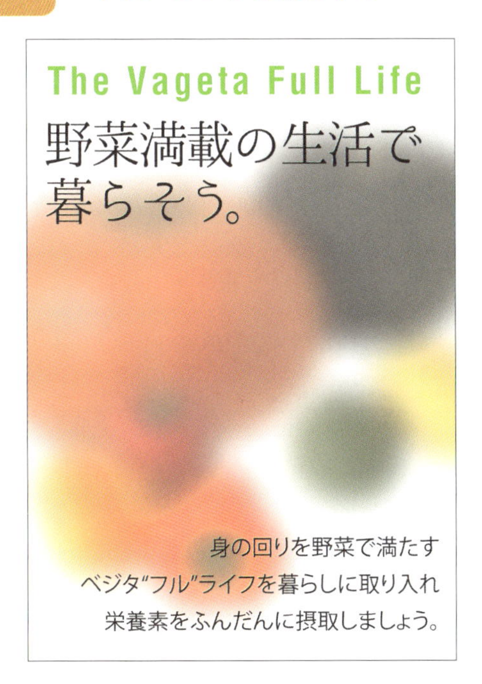

TYPE H　網点印刷のような表現にする

写真に不備がある

TYPE A　Illustratorで自動的にイラスト風に仕上げる

Illustratorは、写真を基にして自動的にトレースし、イラストのような表現にできる［画像トレース］機能を備えています。プレビュー画像を見ながら、色数やパスの量をコントロールし、好みの表現に仕上げます。これによりパス化した画像は、通常のIllustratorオブジェクトと同様に、パスの編集や線や塗りの指定ができます。

Illustratorで画像をトレース

❶Illustratorに写真を配置して、写真を選択した状態で［ウィンドウ］メニュー→［画像トレース］を選択する。

❷［画像トレース］パネルで、プレビューを確認しながら［カラー］（トレース後の色数）や［パス］（線の細かさ）など各種設定を行う。独自の設定が面倒という人は、［プリセット］であらかじめ用意されている表現（［白黒のロゴ］や［シルエット］など）を選択してもよい。ここでは図のように設定した。

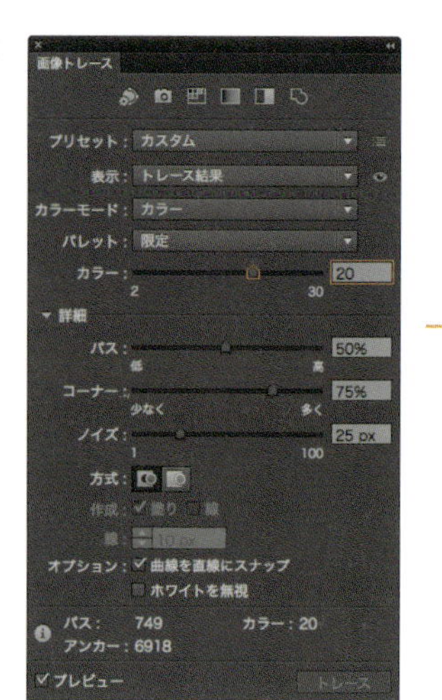

❸［トレース］ボタンを押すと、トレースが実行され、イラスト風の画像になる。

❹続けて、オプションバーの［拡張］ボタンをクリックすると、画像がパス化される。

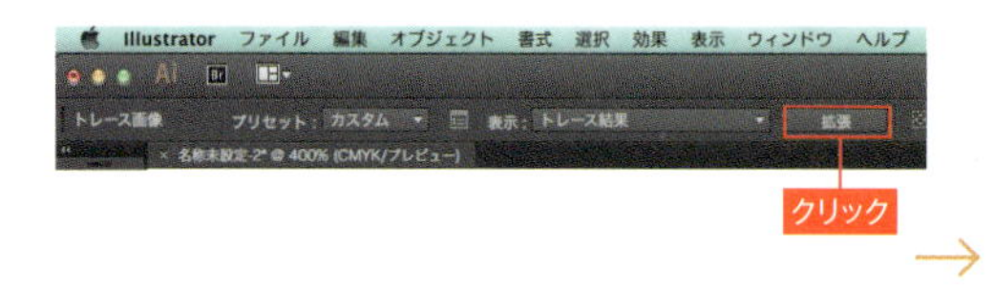

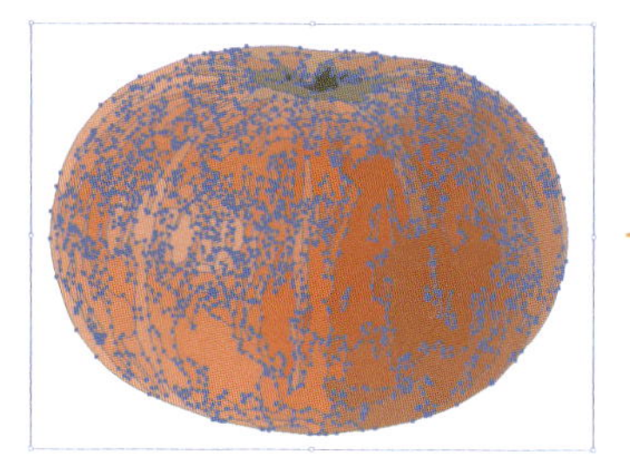

❺通常のIllustratorオブジェクトのように編集が可能となる。図では、一部のパスの塗り色を変更してみた。

バリエーション

［画像トレース］パネルで、［パレット］を「輝き」に設定した作例。82ページの作例よりも使用する色数が減ったことで、階調が少ない抽象的な表現となる。見方によってはこちらのほうがイラストや絵画っぽく見える。

［画像トレース］ダイアログで、［カラーモード］を［モノクロ］に設定した作例。基となる写真の状態（明るさや色味）によってトレース結果が左右されるので、あらかじめ写真を補正しておくケースもある。

TYPE B 線のタッチを変えることによって表現豊かに

一からイラストを書くのはかなりの技術を要しますが、写真を下絵にトレースして線画を作成することは比較的容易です。Illustratorの［ペンツール］などで被写体の輪郭をなぞりパスにすることで簡単な線画が作成できます。82ページの作例は通常の線に色を指定しただけですが、線にブラシを適用すると手書き風や絵画風などのタッチにできます。

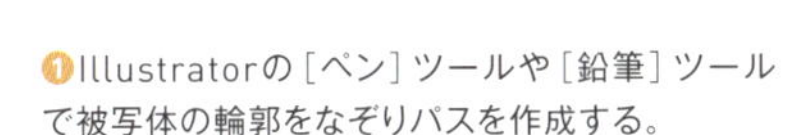

❶Illustratorの［ペン］ツールや［鉛筆］ツールで被写体の輪郭をなぞりパスを作成する。

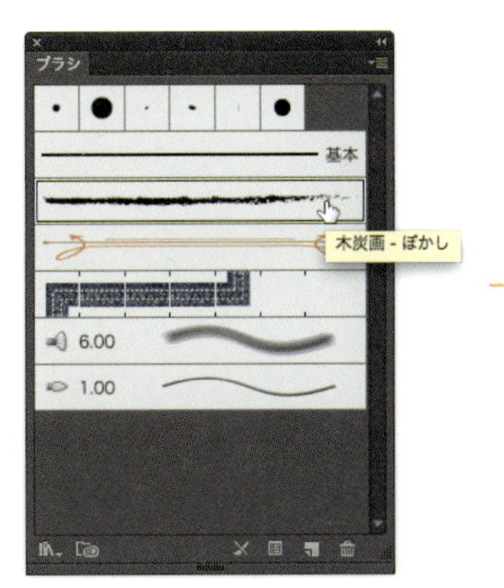

❷パスを選択し、オプションバーの［ブラシ定義］をクリックして表示されるパネルから［ブラシライブラリメニュー］ボタンをクリックする。ここでは、表示されるメニューから［木炭画ーぼかし］を選択した。

❸線にブラシを適用したことで、チョークで書いたようなタッチとなった。

TYPE C パターンやテクスチャを使えばユニークな表現も可能

TYPE Bの線画をアウトラインとして塗りを指定した作例。82ページの作例では色のみ適用していますが、パターンの指定やマスク機能（40ページCHAPTER 2-CASE 4-TYPE E参照）でテクスチャ画像を型抜きしてもよいでしょう。

バリエーション

素材感のある布地のテクスチャ画像を、野菜の形状でマスクして配置した。あえて実物とは違う素材をテクスチャとして用いると面白い表現になる。

TYPE D 線画の内側をテキストエリアにする

被写体の形状を文字の集合で表現した作例です。一応文字にはテーマに関連のある単語や文章を用いますが、可読性にはさほど神経質にならなくてもよいでしょう。ビジュアルとしての面白さ、楽しさを優先させます。

図のようにIllustratorで野菜のアウトラインをテキストエリアに変換し、その内側に文字を入力して形状を表現する。文字サイズを小さめ、行間を詰め気味にすると形に見えやすい。

写真に不備がある

TYPE E タイルのサイズや形状、間隔によって表情が変わる

低解像度の写真を、小さな四角形（タイル）で構成するモザイクアートのような表現に加工した作例です。このような画像を用いると、見た目のユニークさで惹きつけるデザインとなるでしょう。タイルのサイズや形状、間隔の違いによって、印象も変わってきます。モザイク画像に加工するには、Illustratorを使うのが効率的でしょう。

Illustratorでモザイク画像を作成

❶ Illustratorに写真を配置し、［埋め込み］画像にしておく。写真を選択した状態で［オブジェクト］メニュー→［モザイクオブジェクトを作成］を選択する。

❷［モザイクオブジェクトを作成］ダイアログで、［タイル数］や［間隔］を入力する。タイルの形状を正方形にしたい場合は、［タイル数］数の［幅］［高さ］いずれかを入力して［比率を使用］ボタンを押すと、自動的にタイル数を割り出してくれる（ここでは図のように指定した）。

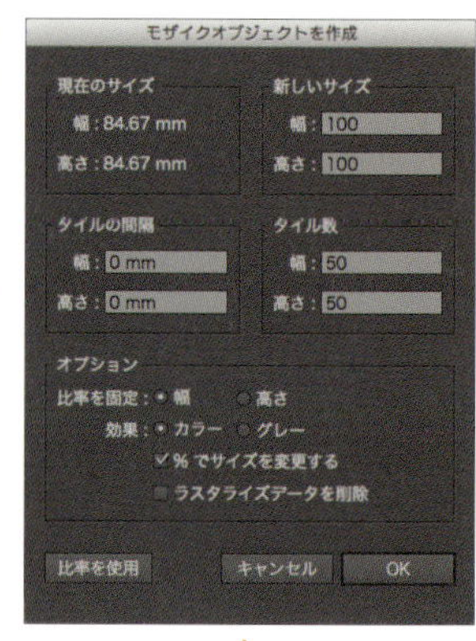

❸ 手順❷の設定によって、正方形のタイル50×50個に分割されたモザイク画像となる。

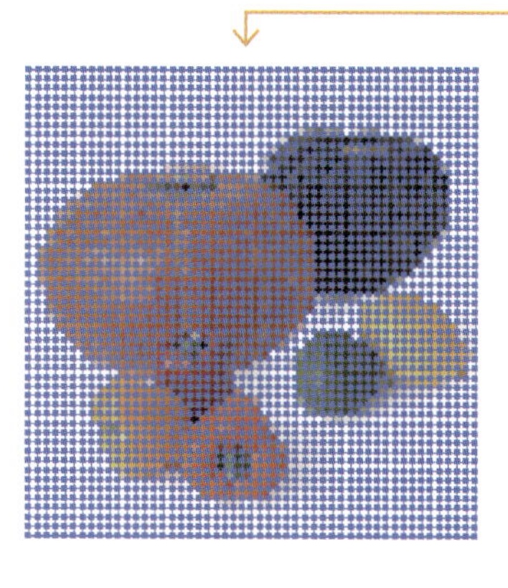

❹ オブジェクトがグループ化されているのでグループを解除する。すべての四角形を選択し、［効果］メニュー→［形状に変換］－［楕円形］を選択し、［形状オプション］ダイアログで円形に変換した。より抽象的なイメージとなる。

バリエーション

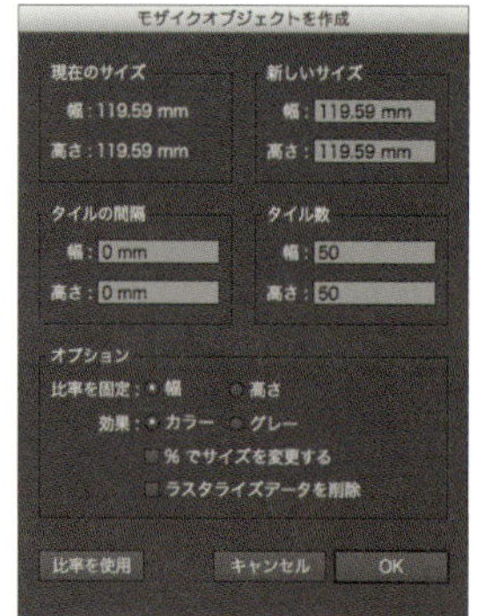

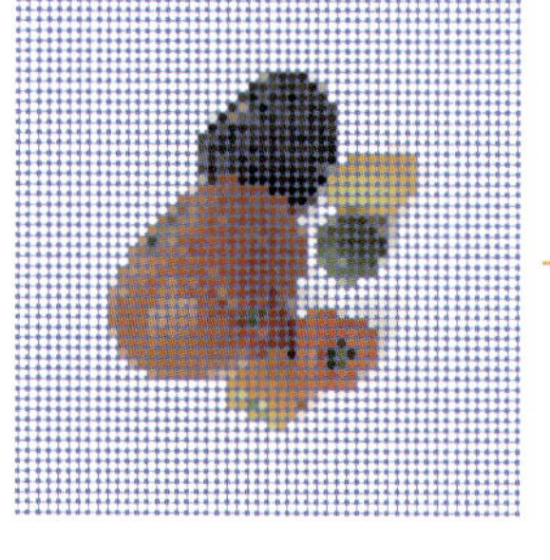

❶ Illustratorに写真を配置して、反時計回りに45度回転する。［埋め込み］画像にしておく。写真を選択した状態で［オブジェクト］メニュー→［モザイクオブジェクトを作成］を選択する。

❷ 前出の作例を参考に［モザイクオブジェクトを作成］ダイアログで、図のように指定して［OK］ボタンを押す。

❸ 正方形のタイル50×50個に分割されたモザイク画像となる。オブジェクトがグループ化されているのでグループを解除する。

❹ 時計回りに45度回転して元の角度に戻す。菱型のタイルよって分割されたモザイク画像となる。

TYPE F　Photoshopの多彩なフィルタを色々試してみよう

Photoshopの［フィルタギャラリー］には、画像をさまざまな表現に変換するフィルタが用意されています。低解像度の写真でも、フィルタを適用して絵画風にすると粗さが目立たなくなります。83ページの作例では、［水彩画］フィルタを適用し、水彩絵の具で書いたような表現にしています。

［フィルター］メニュー→［フィルターギャラリー］を選択して表示される［フィルタギャラリー］ダイアログで、プレビュー画面を確認しながら、さまざまなフィルタや設定を試してみよう。

バリエーション

［フィルタギャラリー］ダイアログで［アーティスティック］→［粗いパステル画］を選択。キャンバスにパステルで書いたようなラフな表現に仕上がる。

［フィルタギャラリー］ダイアログで［スケッチ］→［グラフィックペン］を選択。ボールペンで1色で描いたような表現となる。

TYPE G　あえて抽象的な表現にして印象に残るビジュアルに

Photoshopの［フィルタ］メニュー→［ぼかし（ガウス）］などを適用して被写体をぼかした作例です。83ページの作例では、被写体が認識できないくらいぼかしてますが、背景のように使用することで印象に残るビジュアルとなります。

バリエーション

83ページの作例よりは、被写体が認識できる程度にぼかし、画像の粗さが目立たないようにした。まず、画像をレイヤーにコピーしておき、背面のレイヤーにぼかしを適用。前面のレイヤーには［レイヤー］パネル→［描画モード］の［比較（明）］を適用すると、輪郭が白く飛ぶ。

TYPE H　粗さを強調した効果を与えアナログ感を表現する

小さい点や線の集まりで階調や色を表現する昔ながらの網点（ハーフトーン）印刷を擬似的に表現した作例です。83ページの作例は、Photoshopの［フィルタ］メニュー→［ピクセレート］→［カラーハーフトーン］を適用しました。

バリエーション

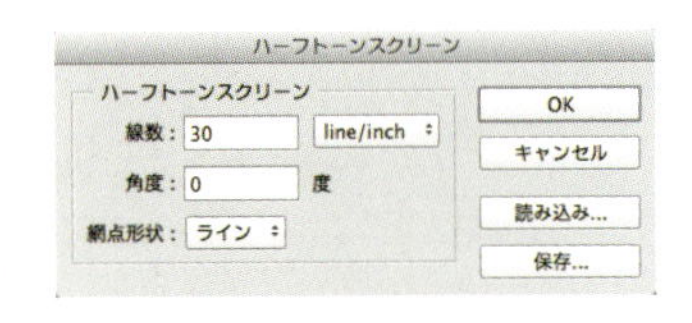

写真をグレースケールに変換後、［イメージ］メニュー→［モード］→［モノクロ2階調］を選択。［モノクロ2階調］ダイアログの［種類］で［ハーフトーンスクリーン］を選択。［ハーフトーンスクリーン］ダイアログ（上図）で精度や網点の形状など各種設定を行うと、昔の新聞のモノクロ写真のような表現となる。

CASE 2

写真の寸法が足りない／写真が使えない

TYPE A 空いたスペースを写真の複製で補う

TYPE B 写真をグラデーションでぼかす

TYPE C 写真の一部を隠すようにして配置する

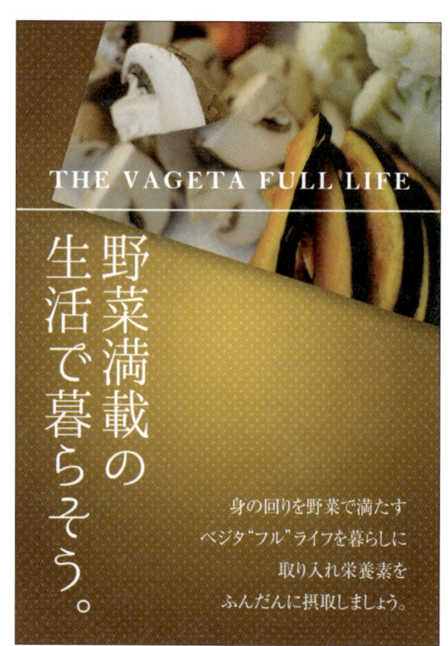

TYPE D 1枚の写真を分割して配置する

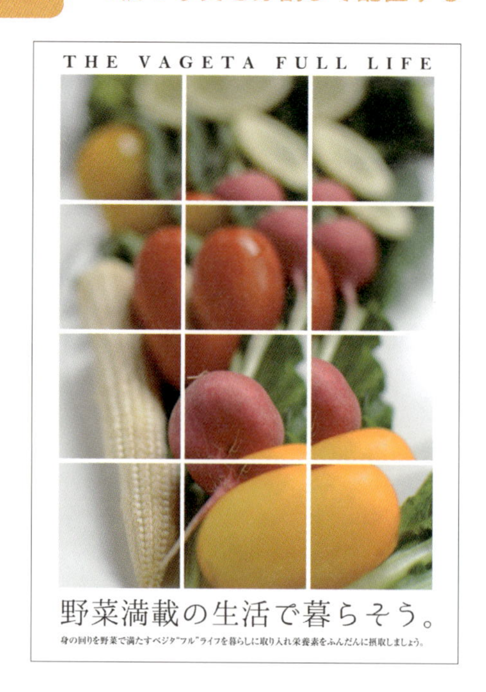

素材として使用する写真が寸足らずでバランスが悪かったり、余計なものの写り込みを避けるため中途半端な画角でトリミングしなければならないケースがあります。そのような写真を違和感なくレイアウトし、見栄えもよくする方法を紹介します。

また、写真などのビジュアル素材自体が提供されない、使えないといった場合も考えられます。そのようなときは、思い切って円や四角形などの単純な図形や幾何学模様をビジュアル素材として用いたデザインを提案してみるのもよいでしょう。

TYPE E ストライプやタイルを使ってデザインする

TYPE F 四角形を使ってデザインする

TYPE G 円やドットを使ってデザインする

TYPE H パターンを使ってデザインする

CASE 2

写真の寸法が足りない／写真が使えない

TYPE A 写真の複製をイメージカット的に用いると違和感がない

写真が足りない部分に、その写真の濃度やトーンを変えた複製をイメージカット的に配置し、紙面全体を埋めたデザインです。縦向きの用紙に対して横位置の写真しか用意されていないという場合にも有効です。88ページの作例では、写真の横幅が足りないので、濃度を薄くしてぼかした写真を用いて空いているスペースを補っています。

バリエーション

横位置の写真を配置し、上下の空いたスペースをトーンを暗くして拡大複製した写真で埋めた。中央の写真と、白抜き文字が引き立つデザインだ。

正方形の写真を中央に配置し、周囲の空いたスペースを濃度を薄くして拡大複製した写真で埋めた。中央の写真を引き立たせるため、写真の縁に「光彩」（65ページCHAPTER 3-CASE 3-TYPE B参照）の効果を与えている。

TYPE B 写真と余白の境界をぼかすことで不自然さがなくなる

寸法が足りない部分、写真と余白の境界をグラデーションをかけてぼかしたデザインです。余白との境界がはっきりしていると不自然なトリミングに見えることがありますが、境界をこのように処理すると自然でソフトな見た目になります。88ページの作例は、縦位置に写真をトリミングしましたが、やや中途半端な構図となったので、右側をグラデーションでぼかし、紙面となじませました。

バリエーション

紙面の上半分に写真を配置し、下部をグラデーションでぼかした。余白部分を多めにとっているが、グラデーションのおかげで写真の続きがあるような広がりが感じられる。

縦の寸法が足りない写真を、上下に分割して配置し、それぞれ中央の余白にかかる部分をグラデーションでぼかした。1枚の写真として違和感なくつながって見える。

TYPE C　隠れた部分にも写真が存在するような想像が働く

写真を思い切った位置で裁ち落としにしたり、帯がかかるようにしたり、トリミングにちょっとした工夫をして、寸法の不足部分を隠すデザインです。88ページの作例では、写真を傾け、メインの被写体以外の部分をばっさりと裁ち落としで処理しています。しかし、それがかえってメインの被写体に視線が集中しやすい効果を生んでいます。

バリエーション

写真を傾けて配置し、さらに写真の上にかかるように帯を配置した。帯で隠れている部分にも写真が存在するような印象を与える。

写真の切れている部分を紙面の端に配置することで、あえてトリミングしたようなデザインになる。

TYPE D　被写体がはっきり見えなくとも、イメージが伝わればOK

1枚の写真を切り分けて並べたような見た目にするデザインです。写真をきちんと見せるというよりは、表現の面白さを生かしてイメージカットのように用います。88ページの作例は、グリッド状に写真を分割していますが、トリミング位置を少しずつずらしてその違和感で目を引きつけ、寸法の不足に気づかれないようにしています。

バリエーション

ランダムな形状で分割し、配置した。トリミング位置のずれが大きく、写真の重なり部分も多いため、被写体がやや把握しづらいが、イメージ優先と割り切る。

画像ごとに白フチをつけ、ドロップシャドウを適用し、プリント写真を重ね合わせたような表現にした（38ページ CHAPTER 2-CASE 4-TYPE A参照）。見た目に楽しい印象を与えるデザイン。

CASE 2

写真の寸法が足りない／写真が使えない

TYPE E　TYPE F　TYPE G

テーマに合った配色を用いてイメージを伝える

ストライプ、四角形、円など単純図形のみを用いたデザインです。常に使えるというアイデアではありませんが、中途半端な写真やイラストを使うよりスタイリッシュに見えたり、イメージを的確に伝えられる場合があります。TYPE E～TYPE Gの共通のポイントは、制作物のテーマに合った配色にするという点です。例えば89ページの作例では、タイトルの「野菜」を意識して色を選んでいます。

配色の基本①　メインカラーを決める

配色を行う際は、まず基本となるメインカラーを決める。メインカラーは、制作物のテーマを想起させる色や、ここで紹介しているような色自体が持つイメージを踏まえてテーマに合う色を選ぶ。

ピンク色　華やか、明るい、女性的

赤色　情熱的、歓喜、興奮

橙色　暖かい、明るい、モダン

黄色　明るい、活発的、注意

茶色　皮革、クラシック、重厚感

紫色　神秘的、高貴、和風

紺色　落ち着き、重厚感、堅実

深緑色　伝統的、懐かしい、安らぎ

黄緑色　新緑、和風、生命力

緑色　常緑、落ち着き、再生

水色　涼しい、清潔感、さわやか

青色　瑞々しい、誠実、ノーブル

配色の基本②　サブカラーを決める

メインカラーを決めたら、次にそれを補うサブカラーを決める。サブカラーは色相環を参考に、トーンを変えた色、類似色、補色などを使用する。

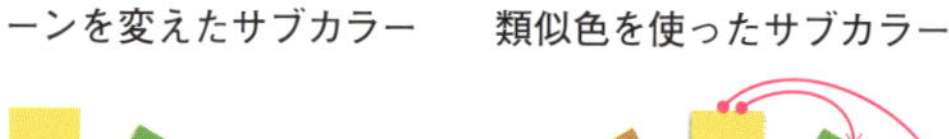

同一色相のトーンを変えたサブカラー

類似色を使ったサブカラー

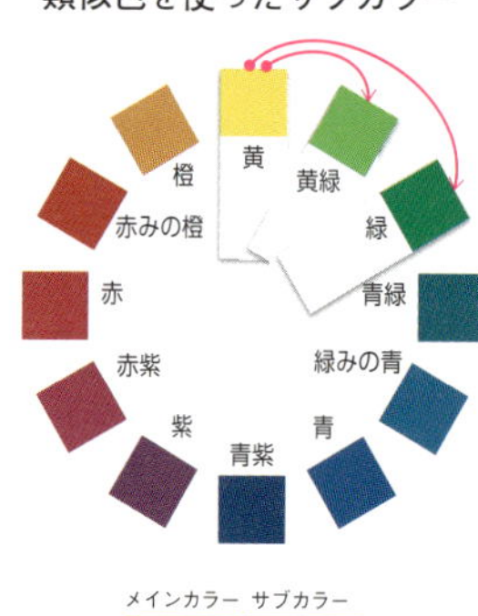

補色を使ったサブカラー

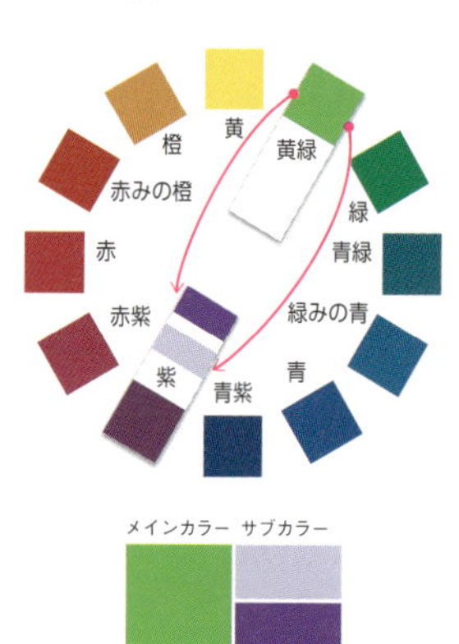

バリエーション

TYPE Eのバリエーション。89ページの作例では、「野菜」の色味を横のストライプで表現。この作例は、テーマが女性的なのでピンクをメインカラーに据え、トーンの違いや類似色で配色を行い、縦のストライプを用いた。

TYPE Fのバリエーション。89ページの作例は、正方形をグリッドに沿って整然と配置。この作例は、テーマが「WINTER GIFT」なので寒色をメインカラーにした。四角形はランダムな大きさで配置し、変化をつけた。

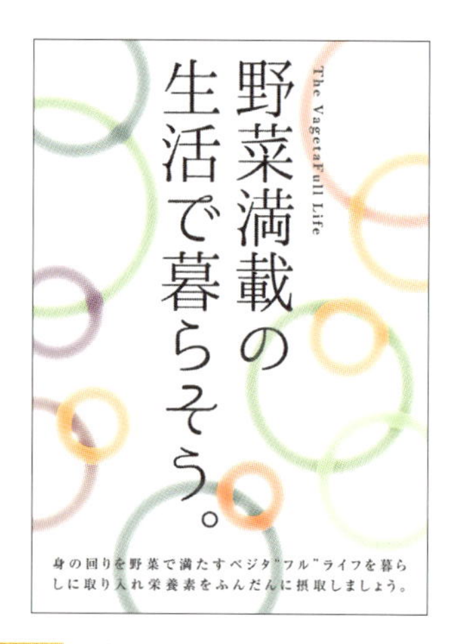

TYPE Gのバリエーション。89ページの作例は円をドットのように見せているが、この作例は大きさの異なる円をランダムに配置。円の輪郭をぼかすことで、光やシャボン玉のようにも見える。円を使うと、優しく、柔らかいイメージとなる。

TYPE H　シンプルな幾何学図形や模様をパターンとして作成する

幾何学図形や線を繰り返し並べた「パターン」のみを使ったデザインです。絵心がなくても、単純なパターンでしたら比較的簡単に制作できることでしょう。制作物のテーマに合った配色を選択したり、テーマを想起させる形状をパターン化することで見る側にイメージを伝えます。89ページの作例は、「野菜」をイメージさせる配色を用いています。

Illustratorでパターンを制作

幾何学模様のパターンを作成するには、Illustratorが適している。ここでは、基本的なパターンの作成、登録、適用の流れをまとめてみた。

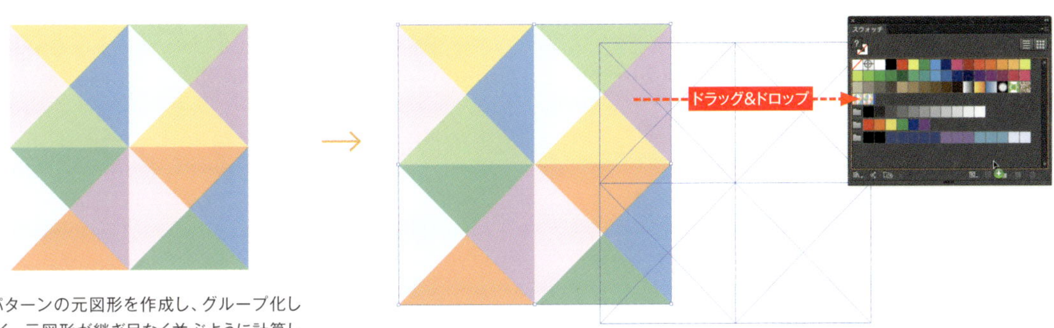

❶ パターンの元図形を作成し、グループ化しておく。元図形が継ぎ目なく並ぶように計算して作成するのがポイントだ。

❷ 元図形を選択して［スウォッチ］パネルにドラッグ&ドロップすると、パターンとして登録される。

❸ 通常の色のように図形の塗りに対してパターンを適用できる。

❹ パターンを適用した図形を選択して、［オブジェクト］メニュー→［変形］→［拡大・縮小］を選択。［拡大・縮小］ダイアログの［拡大・縮小］にパーセンテージを入力し、［オプション］の［パターンの変形］にチェックを入れ、［OK］ボタンを押すと、パターンだけを拡大・縮小できる（ここでは200%を指定）。

バリエーション

野菜の形状をデフォルメして図形化したものを基にパターンを作成した。イラストのように書き込まなくても、単純な形状の繰り返しでリズムが生まれ、遊び心のあるデザインになる。

色を変えた2つのギンガムチェック柄のパターンを制作。お弁当を包むランチクロスのようなイメージで使用した。

CASE 3

文字だけしか要素がない

TYPE A 文字要素を均等、平坦に扱う

野菜満載の生活で暮らそう。

未知知識出版

The Vageta Full Life

身の回りを野菜で満たすベジタ"フル"ライフを暮らしに取り入れ栄養素をふんだんに摂取しましょう。

TYPE B 文字を紙面からはみ出させる

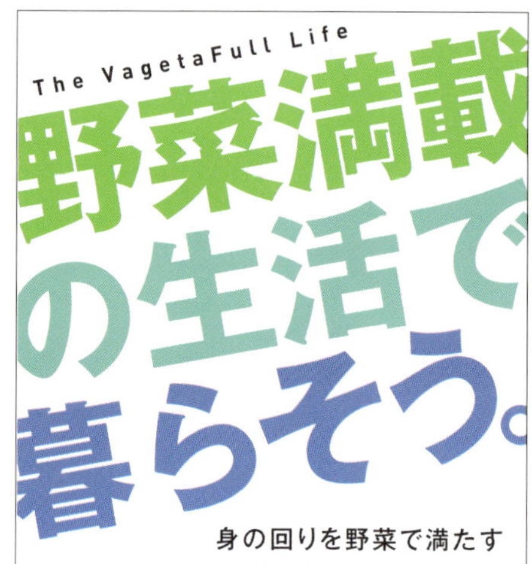

TYPE C 文字ごとに傾きを変える

野菜満載の生活で暮らそう。

The VagetaFull Life

身の回りを野菜で満たす
ベジタ"フル"ライフを暮らしに取り入れ
栄養素をふんだん摂取しましょう。

未知知識出版

TYPE D 手書き文字を使って趣きを出す

THE VAGETAFULL LIFE

野菜満載の生活で暮らそう。

身の回りを野菜で満たす
ベジタ"フル"ライフを暮らしに取り入れ
栄養素をふんだんに摂取しましょう。

未知知識出版

CASE 2のTYPE E～TYPE H（92～93ページ参照）でも触れましたが、写真などのビジュアル素材が提供されない、用意できないといった状況で、文字だけを使ってデザインしたバリエーションを紹介します。

複雑な装飾などを施さなくとも、タイトルやリードに使う文字のレイアウトに変化をつけたり、吹き出しや図形などちょっとしたアイテムを追加することで印象的なデザインに仕上げることができます。また、タイトルやリード以外にも、テーマに関する単語や文章などを、ビジュアル的に用いる手法もあります。

TYPE E 線でアクセントをつける

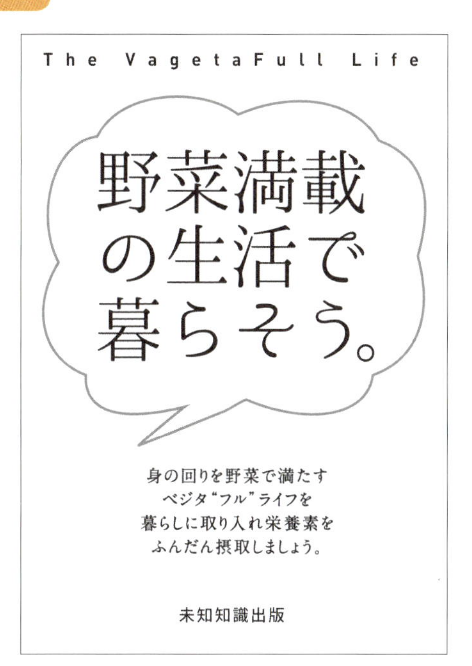

TYPE F 文字の一部を図案化する

The VagetaFull Life

野菜満載の生活で暮らそう。

身の回りを野菜で満たすベジタ“フル”ライフを
暮らしに取り入れ栄養素をふんだん摂取しましょう。

未知知識出版

TYPE G 文字をパターンとして用いる

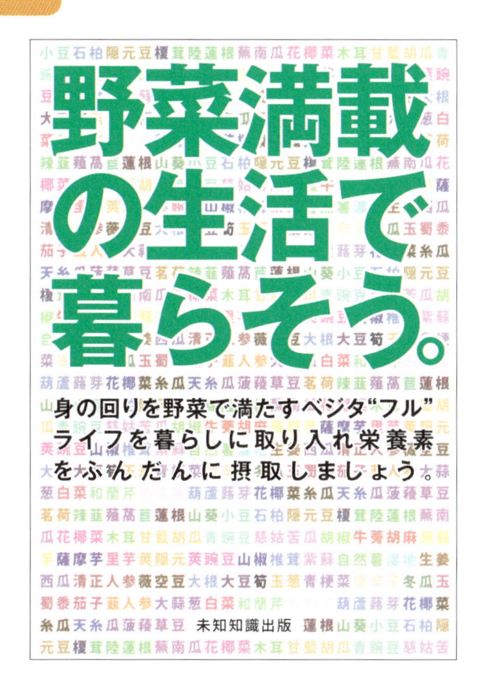

TYPE H 曲線に沿って文字を配置する

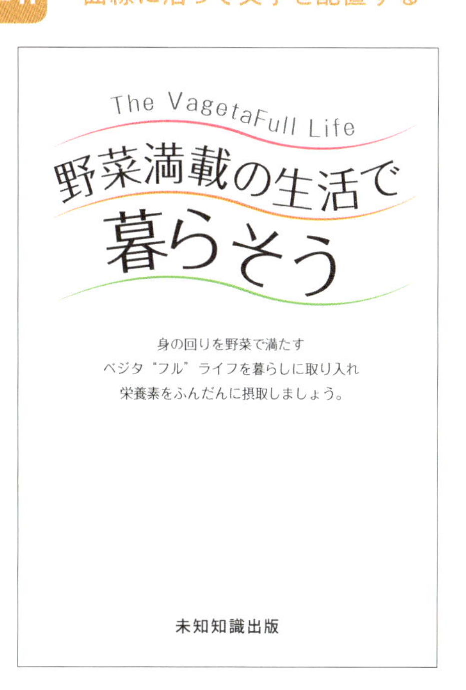

CASE 3 文字だけしか要素がない

TYPE A あえて文字に抑揚や区別をつけず レイアウトする

読みやすさのセオリーからは外れますが、文字を意図的に均等、平坦に扱うことで図案的な面白さを狙ったデザインです。94ページの作例では、4×4の正方形グリッドを埋めるようにタイトルを一文字ずつ割り付けました。

バリエーション

野菜満載
の生活で
暮らそう。

The VagetaFull Life

身の回りを野菜で
満たすベジタフル
ライフから始まる
暮らしに栄養素を
取り入れた生活を

未知知識出版

タイトルとリードのフォント、文字色を同じにしてわざと無機質な見た目に仕上げた。行揃えは左右の両端揃えとし、ぴったり文字を収めることで、よりフラットな印象となっている。

TYPE B 大きめのタイトル文字を 裁ち落としで配置する

タイトルを大きくして、裁ち落としで配置したデザインです。紙面の外にまで広がりを感じさせ、ダイナミックな印象となります。94ページの作例では、加えてタイトルを斜めにしたことで、動きと勢いが生まれています。

バリエーション

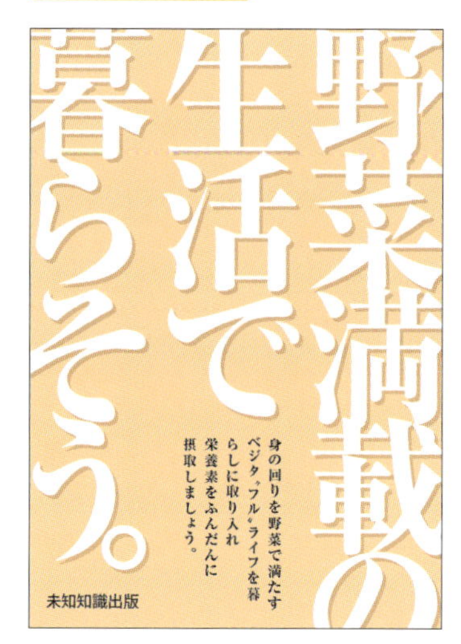

縦組みのタイトル文字をかなり大きくし、はみ出させてインパクトを強くした。ただし、薄めの背景色に白抜き文字としたことで、圧迫感がないように配慮している。

TYPE C 文字が踊っているような楽しい雰囲気に

文字ごとに傾きを変えて配置したデザインです。まるで文字が踊っているようなリズミカルな印象を与え、楽しげな雰囲気になります。Illustratorで文字をアウトライン化（72ページCHAPTER 3-CASE 4-TYPE E参照）してから回転させる方法と、アウトライン化せずにIllustrator CCからの機能、［文字タッチツール］を使って回転させる方法があります。

Illustrator CCの［文字タッチツール］で文字を回転

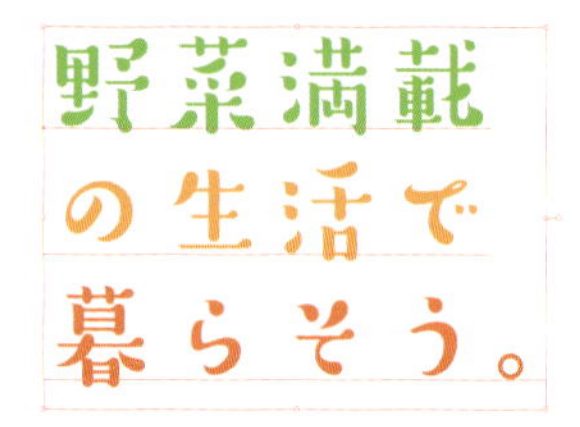

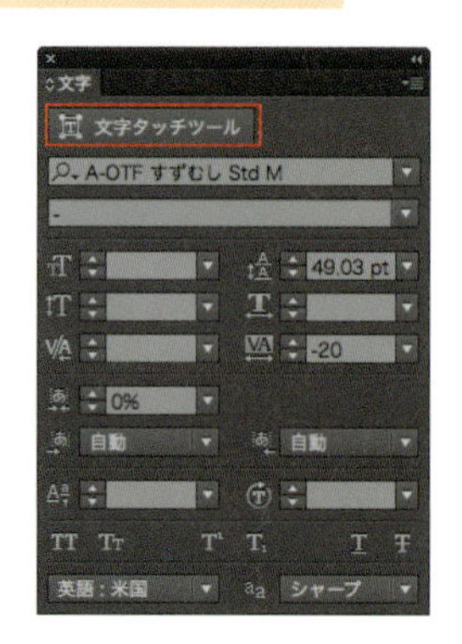

［文字］パネルで［文字タッチツール］ボタンを押す。回転させたい文字をクリックして選択すると、枠とハンドルが表示される。［回転］ハンドルをドラッグするとその文字だけ回転できる。文字属性は保持したままなので、後からフォントなどを自由に変更できる。

バリエーション

94ページの作例を基にタイトル文字の配置を崩してみたところ、よりビジュアルとして認識されやすいデザインとなった。

TYPE D　手書き文字をスキャン、PhotoshopとIllustratorで加工して使う

微妙なかすれやにじみ、ちょっとしたクセのある手書きの文字を使うと、フォントを使ったときとは一味違う趣きのあるデザインとなります。毛筆や鉛筆、サインペンなど筆記具の選択によって、さまざまな表現が可能となります。ここでは、手書き文字をスキャンしてPhotoshopで調整、Illustratorで加工・配置するという工程を紹介します。

Photoshopで手書き文字を加工

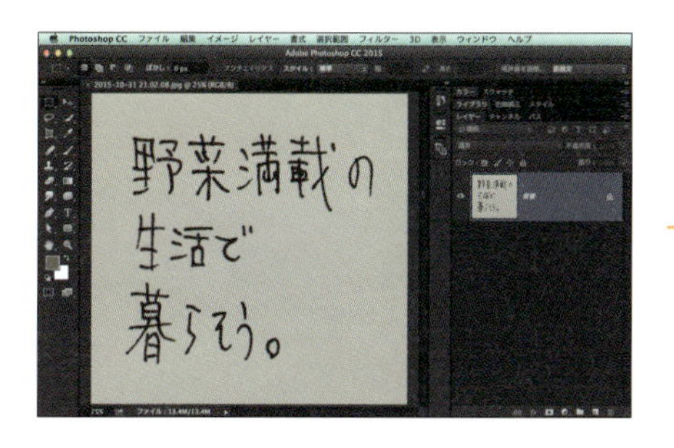

❶ スキャナーなどで手書き文字を取り込み、画像データとしてPhotoshopで開く。[イメージ]メニュー→[モード]→[グレースケール]を選択して、グレースケール画像に変換する。

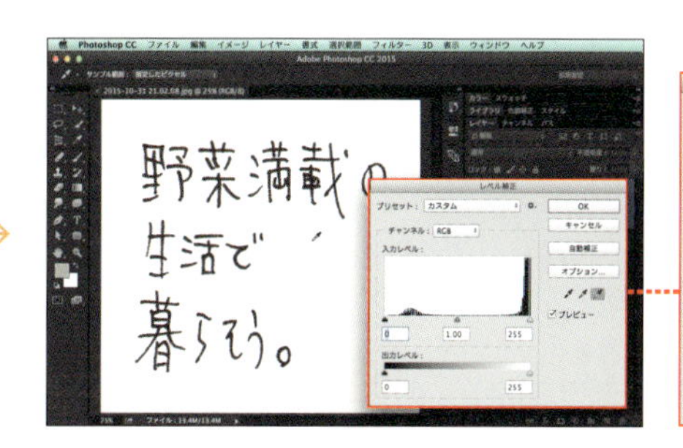

❷[イメージ]メニュー→[色調補正]→[レベル補正]を選択する。[レベル補正]ダイアログの[スポイト]ツールの[画像内でサンプルして白色点を設定](白いスポイト)を選択して紙の余白部分をクリックし、[画像内でサンプルして黒点を設定](黒いスポイト)を選択して文字をクリックすると、文字がくっきり補正される。PSD形式やJPEG形式で保存する。

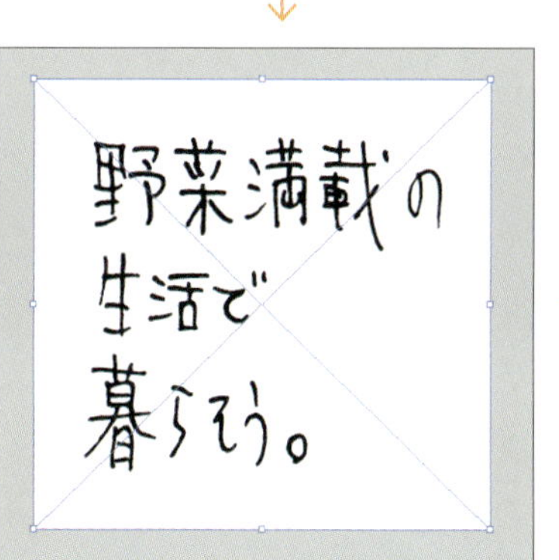

❸ Illustratorで❷で保存した画像開く。

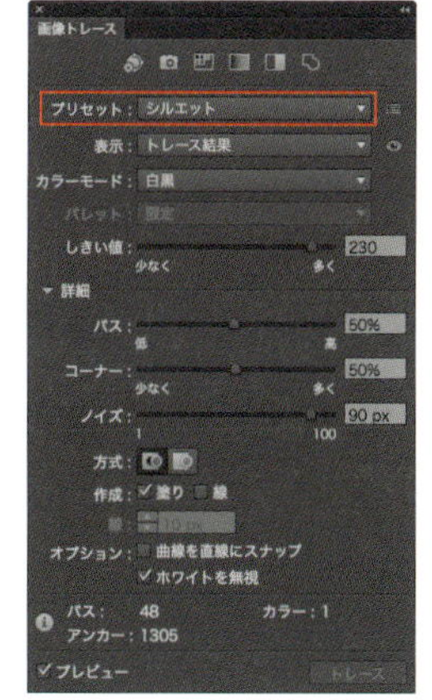

❹[選択]ツールで画像を選択し、[ウィンドウ]メニュー→[画像トレース]を選択して、画像トレースパネルを表示する。[プリセット]で[シルエット]を選択すると背景が透過される。

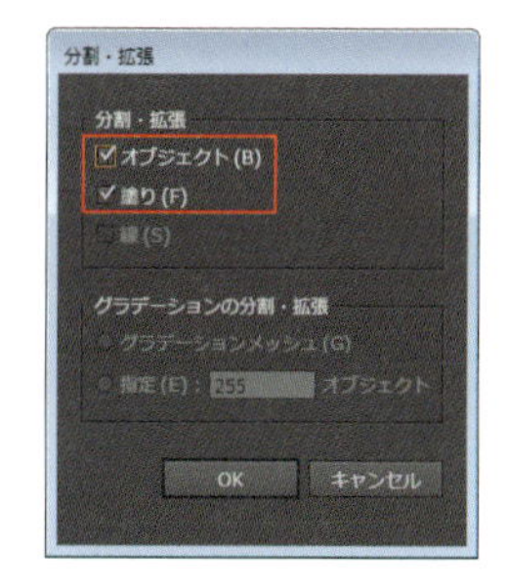

❺ 画像が選択された状態で、[オブジェクト]メニュー→[分割・拡張]を選択して表示される[分割・拡張]パネルで、[オブジェクト]と[塗り]にチェックを入れて[OK]ボタンをクリックする。

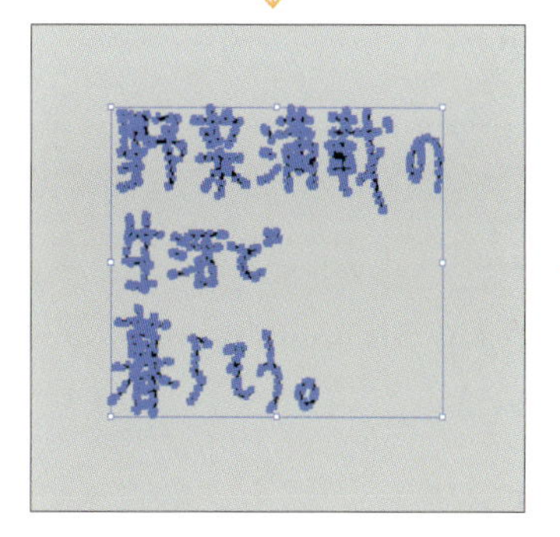

❻ ❺でオブジェクトを分割することで図のように文字の色を変更する、グラデーションを適用する、文字の位置を移動するといった編集が可能となる。

CASE 3 文字だけしか要素がない

TYPE E 線で形状を表現してタイトルを引き立たせる

最小限のアイテムである線を追加してアクセントをつけたデザインです。文字を線上に並べたり、形状を表現した線で囲ったりすることで、タイトルを引き立たせます。複雑なイラストなどを書く手間や技術も必要なく、手軽な割に効果的です。95ページの作例は、漫画の吹き出しを模した囲み線を用い、楽しく親しみやすい印象に仕上げました。

バリエーション

角を丸くしたL字型の線を反転して組み合わせ、その中にタイトルを配置した。凝った装飾は施さなくても、十分アクセントとして機能する。

斜め線を数本引き、それに文字を沿わせて配置した。線色と文字色を合わせ、文字の一部が線に掛かるようにすることで全体的にストライプのように見え、一体感が生まれる。

TYPE F 制作物のテーマに関するものを図案化のモチーフに

文字の一部、あるいは文字そのものを図案化したデザインです。制作物のテーマに関係性があるものをモチーフとして用いることで、内容を視覚的に伝えたり、目を引く効果があります。図案化部分はそれほど作りこまなくても、単純なもので十分イメージが伝わるでしょう。95ページの作例では、漢字の一部を野菜の形状に見立てています。

バリエーション

文字の一部の線を延長してテーブルに見立て、その上に野菜を盛った器のイラストを加えた。ただイラストを配置するよりも気の利いたデザインに見える。

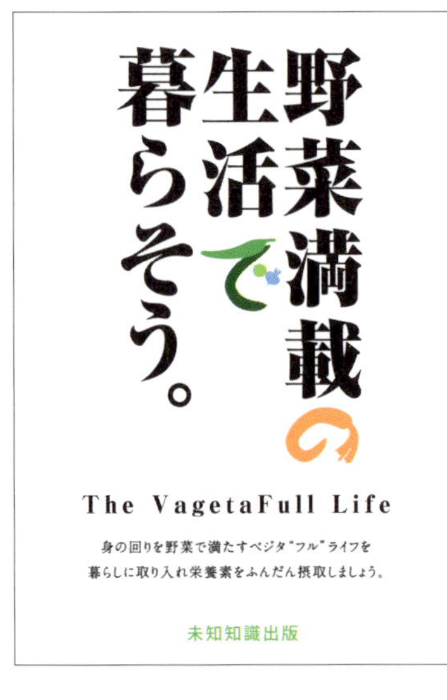

タイトル文字のうち2文字を野菜のシルエットで表現した。可読性に配慮が必要だが、たった2文字を置き換えただけでも、かなり柔らかい印象となる。

TYPE G パターンにする文字がタイトルの邪魔をしないように配慮

制作物のテーマに関する単語や文字列を多めに用意し、パターンや装飾として用いたデザインです。この場合、パターンや装飾に用いる文字については可読性はあまり問題にはせず、文字サイズを小さめにしたり、文字色を薄くするなどして使用します。95ページの作例では、文字色を薄くした野菜の漢字名を、背景パターンとして使っています。

バリエーション

野菜の英単語を色分けしてグラデーションに見えるように配置した。英文をこのように用いると、現代的でスタイリッシュな雰囲気になる。

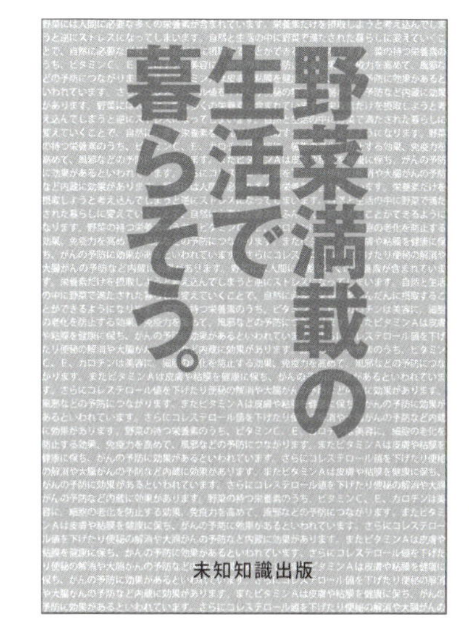

グレーの地色に白抜きの文章をそのまま紙面に配置し、地紋のように扱った。このようなデザインの場合、タイトル文字はしっかり見えるように留意する。

TYPE H Illustratorのパス上に文字を入力して動きを表現

曲線に沿ったように文字を配置するデザインです。直線状に文字をレイアウトするよりも、躍動感やポップなイメージを表現できます。線や図形などと組み合わせることで、見た目に華やかな印象になるでしょう。95ページの作例は、Illustratorの［パス上文字ツール］で自由曲線上に文字を入力し、手書きタッチの線を組み合わせました。

Illustratorの［パス上文字ツール］を使用

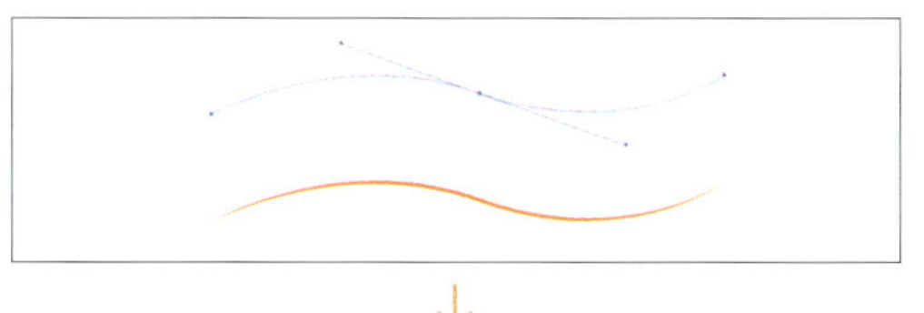

❶ Illustratorで曲線を作成し、それをコピーする。1つは文字入力用のパスとし、もう1つはブラシ（66ページ参照）などを適用して装飾用の線とする。

↓

❷ ［文字ツール］を長押しして［パス上文字ツール］（左図）を選択する。線をクリックして文字を入力すると、曲線に沿って文字が配置される。文字サイズや字間などを調整しておく。

↓

❸ 装飾用の線を文字の近くに移動する。

バリエーション

円弧に沿って文字を配置した。文字の背面に帯状に見えるように円をレイアウトして、視覚的な面白さを狙った。

CASE 4

1色／2色しか使えない

TYPE A　網点印刷のような表現にする

TYPE B　写真のコントラストやトーンを変える

TYPE C　シルエットのモチーフを使用する

TYPE D　グラデーションや色の濃淡を使って表現する

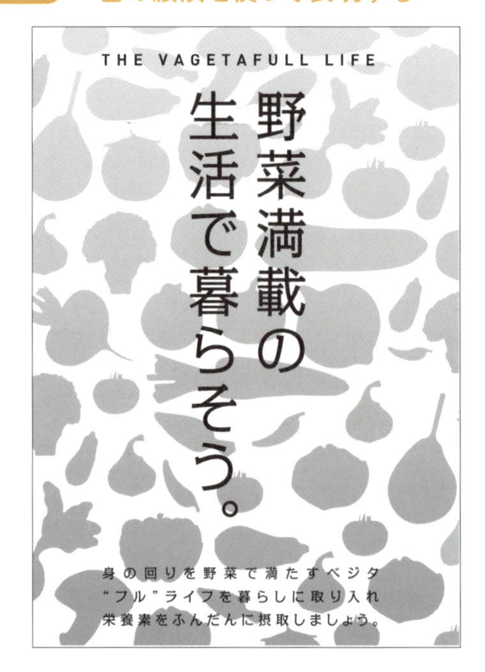

手がける制作物がいつもカラー印刷だとは限りません。デザインの現場では、1色あるいは2色で印刷するというケースはよくあることです。しかし、カラーの写真やアートワークをそのままグレースケール（1色）や、ダブルトーン（2色）に変換すると、今ひとつ物足りないデザインになってしまうことがあります。

ここでは、1色／2色印刷の特徴を生かしつつ、見た目に変化を加えたデザインのバリエーションを紹介します。写真を加工したり、2色印刷であれば着色に工夫したりすることで、さまざまな表現を作り出せます。

TYPE E 写真をダブルトーンで表現する

TYPE F 写真の一部だけ着色する

TYPE G モノクロ写真に透過した帯や図形を載せる

TYPE H 塗りをずらす・重ねる

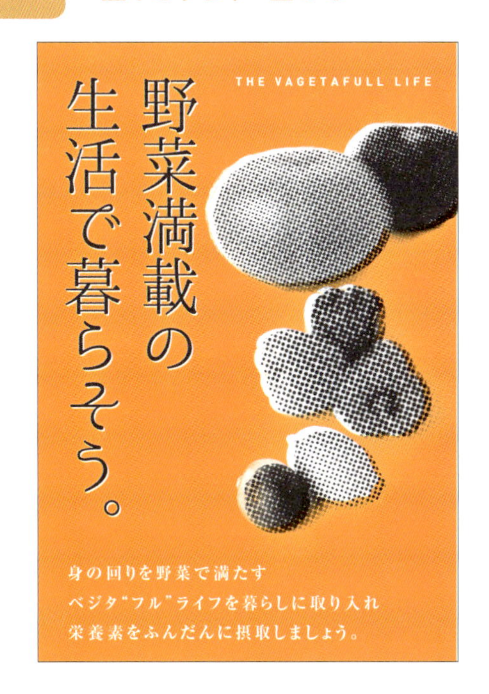

1色／2色しか使えない

TYPE A 意図的にモノクロ2階調に落とし粗さのあるアナログ感を演出

1色印刷の際、一般的にカラー写真は白から黒までの階調で表現する「グレースケール」に変換します。しかし、あえて白と黒だけで表現する「モノクロ2階調」に変換して特殊な効果を与え、見た目のインパクトを狙う手法があります。100ページの作例では、小さい点の集まりで階調や色を表現する網点印刷のような表現にしました。

Photoshopで網点印刷のような表現に

❶ Photoshopでカラー写真を開く。［イメージ］メニュー→［モード］→［グレースケール］を選択して、グレースケール画像に変換する。

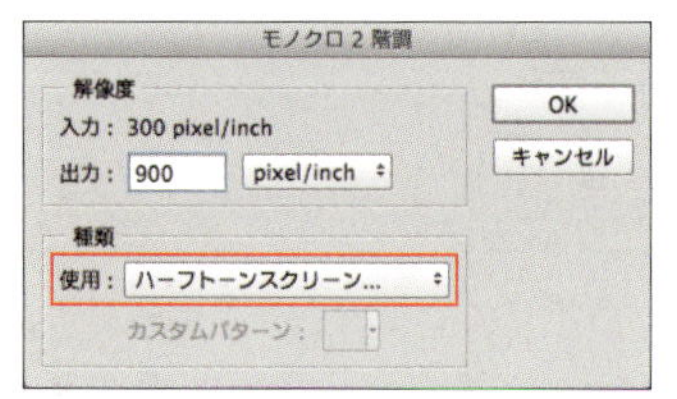

❷［イメージ］メニュー→［モード］→［モノクロ2階調］を選択。［モノクロ2階調］ダイアログの［種類］の［使用］で［ハーフトーンスクリーン］を選択。

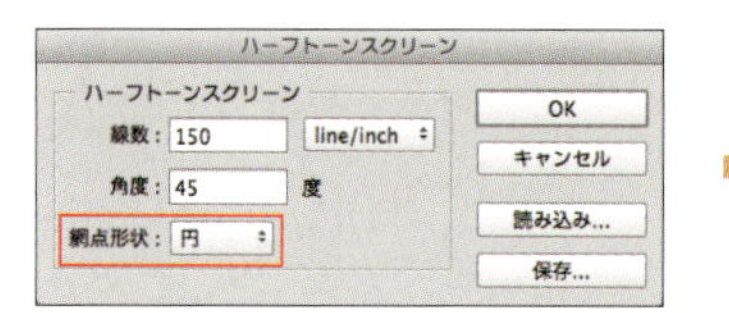

❸［ハーフトーンスクリーン］ダイアログで［網点形状］を［円］にし、そのほかを図のように設定すると、小さい点の集まりで階調や色を表現する昔ながらの網点（ハーフトーン）印刷のような見た目になる。

バリエーション

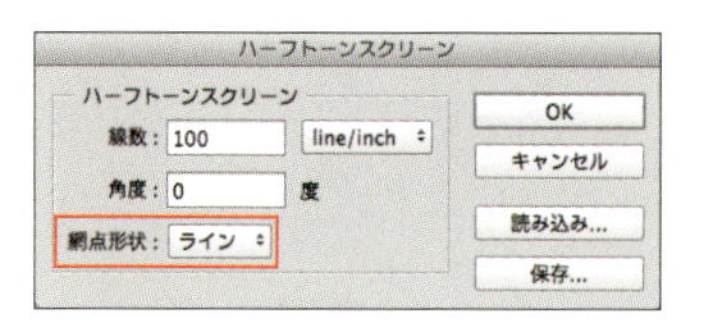

上記❸の［ハーフトーンスクリーン］ダイアログで［網点形状］を［ライン］にし、そのほかを図のように設定すると、線によって階調や色を表現する見た目となる。

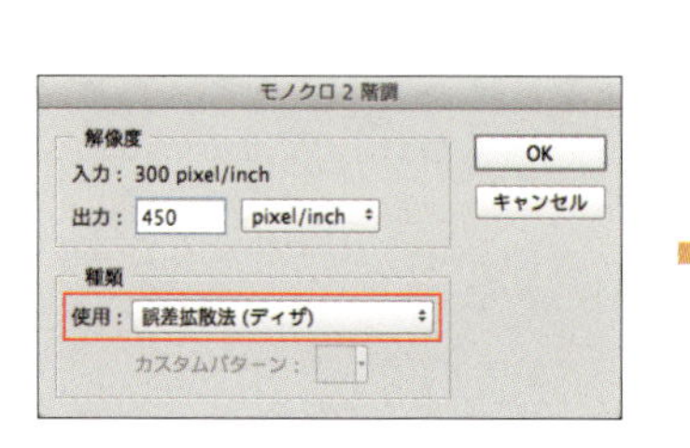

上記❷の［モノクロ2階調］ダイアログの［種類］の［使用］で［誤差拡散法・ディザ］を選択して適用した作例。点描画のような見た目になる。

TYPE B　Photoshopの色調補正機能を使って写真を加工

Photoshopの色調補正機能を使ってグレースケール写真のコントラストやトーンを調整し、変化を加えてみました。100ページの作例では、トーンカーブを操作してわざとにコントラストを強くしています。

Photoshopでコントラストを調整

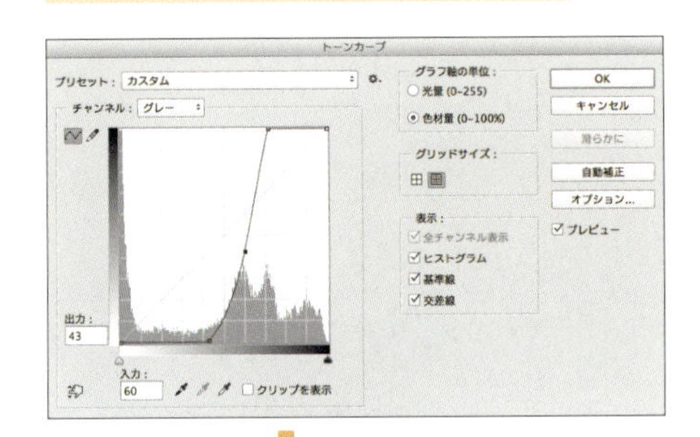

［イメージ］メニュー→［色調補正］→［トーンカーブ］を選択し、［トーンカーブ］ダイアログで図のように設定すると、コントラストが強く、変わった印象の写真になる。

バリエーション

［イメージ］メニュー→［色調補正］→［階調の反転］を選択し、階調を反転させたグレースケール写真を使用した作例。

TYPE C　一目でわかりやすい形状のシルエットを用いる

制作物のテーマに合ったモチーフのシルエットを使ったデザインです。できるだけ一目見て形状がわかりやすいもの、あるいは見た目に映えるユニークなものを選択するとよいでしょう。

バリエーション

ディテールまで表現されたシルエットであれば、単体で使用しても十分メインビジュアルとして成立する。

TYPE D　単調になりがちなシルエットに変化を加える

TYPE C ではシルエットを使いましたが、黒のベタ塗りだけだと単調に見えてしまいがちです。そこで色の濃淡を用いると階調が生まれ印象が変わります。100ページの作例は、グラデーションでデザインに表情をつけています。

バリエーション

シルエットの濃度を個別に変えて配置した。黒のベタ塗りだけを用いるよりもバラエティ感が生まれ、全体に軽い印象になる。

CASE 4

1色／2色しか使えない

TYPE E　ダブルトーンにすることで写真の表現力がアップ

例えば黒と別の特色インクなどを使う2色印刷の場合、写真をグレースケールのまま用いることも多いですが、平板で物足りない印象になりがちです。写真に表現力を持たせるため、写真をダブルトーンにする手法があります。グレースケール時より写真の階調が豊かになり、選択する色によって全体のイメージを伝えやすいといった利点があります。

Photoshopでダブルトーン画像を作成

Photoshopでカラー写真を開く。[イメージ]メニュー→[モード]→[グレースケール]を選択し、グレースケールに変換する。

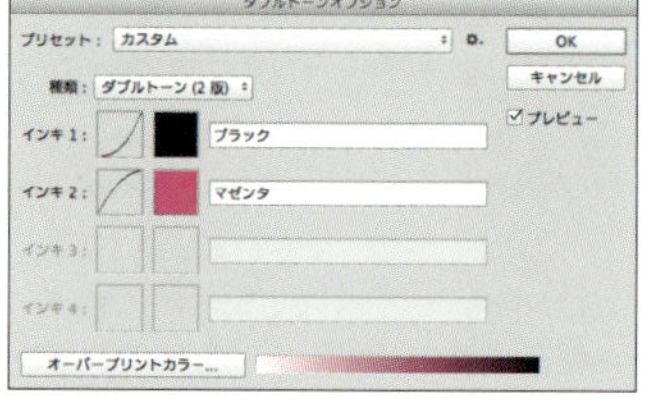

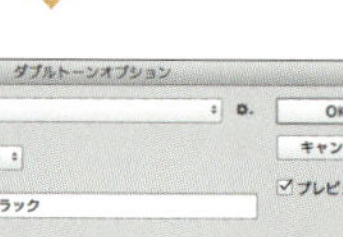

❷ [イメージ]メニュー→[モード]→[ダブルトーン]を選択。[ダブルトーンオプション]ダイアログの[種類]ので[ダブルトーン(2版)]を選択。カラーボックスをクリックしてカラーピッカーや、特色のカラーライブラリで2色を指定する。

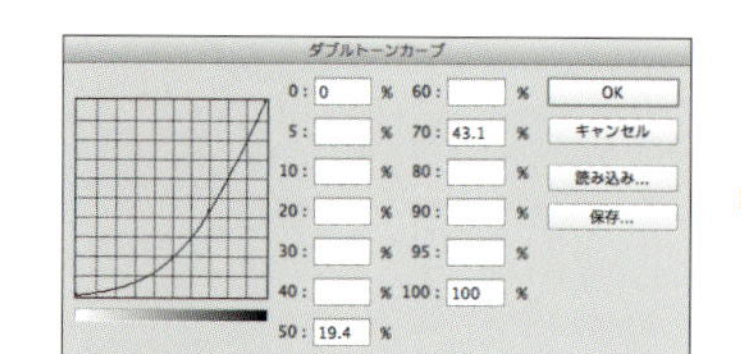

❸ ❷の[ダブルトーンオプション]ダイアログでカラーボックスの左横のカーブボックスをクリックする。[ダブルトーンカーブ]ダイアログで、各色のダブルトーンカーブを調整する。プレビューで結果を確認しながら作業を行うと意図した仕上がりに近づく。

バリエーション

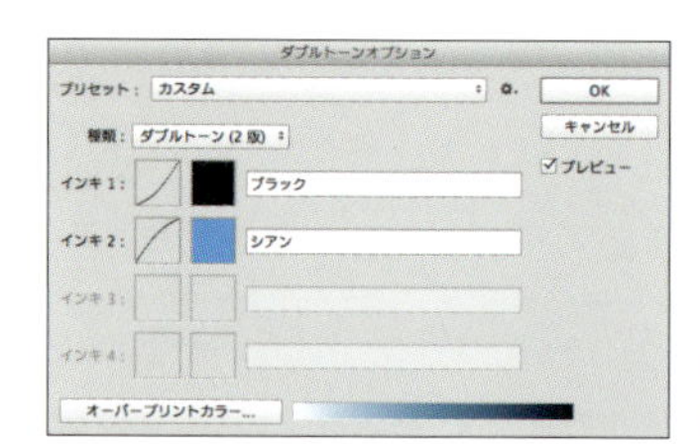

昔のジャズのレコードジャケットを意識して、黒と青のダブルトーンにした。ジャズが持つ雰囲気、「クール」な印象となる。

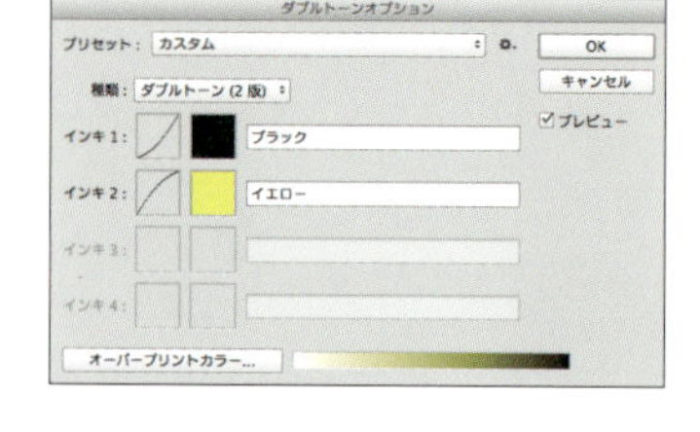

モノクロの建築写真を黒と黄色のダブルトーンにした。プリント写真が色褪せたようなセピア調の色合いとなり、ノスタルジックな雰囲気となる。

TYPE F 色を加えることで被写体の一部が強調される

2色印刷で写真を効果的に見せる方法として、TYPE E ではグレースケール写真をダブルトーンにしましたが、ここでは写真の一部に色をつけて、グレースケールとカラーを組み合わせた表現にしています。101ページの作例では、かぼちゃとライムのみシアン（100%）で色をつけ、黒とシアンのインクがかけ合わさることで、やや緑っぽい色味になるようにしています。

Illustratorでグレースケール写真の一部に着色

❶ Illustratorのアートボードに、グレースケール写真を2つ配置する。一方の写真について、色をつけたい部分を「クリッピングマスク」（40ページ CHAPTER 2-CASE 4- TYPE E 参照）で型抜きする。

❷ 型抜きした画像を選択し、［塗り］をシアン（100%）にする。

❸ 何も手を加えていないもう一方のグレースケール画像の上に、手順❷で着色した画像を移動して重ねる。着色した画像を選択する。

❹ ［ウィンドウ］メニュー→［透明］を選択して表示されるパレットで、［透明］タブの［描画モード］のプルダウンメニューから「乗算」を選択する。グレースケール画像とシアン100%で着色した画像が合成され、図のような見た目になる。

TYPE G 色つきの帯や形状をアクセントとして立たせる

写真はグレースケールのまま用い、タイトルを載せる帯や、制作物の内容をシンボリックに表すシルエット、アイコンなどに色をつけて透過させたデザインです。カラーセロハンを重ねたような表現になります。

バリエーション

モノクロの風景写真の上に、色つきのシルエットイラストを透過させて配置した。写真だけ、あるいはシルエットだけを使うより、印象的な見た目になる。

TYPE H 塗りのずれや重なりから得られる独特のイメージ

色をずらしたり、合成したりすることで得られる視覚的な面白さを利用したデザインです。101ページの作例では、TYPE A の網点印刷表現と合わせ、昔の粗い印刷で版ずれしたような雰囲気を演出しています。

バリエーション

シアンとイエローの2色の写真を別々に用意し、色を少しずらして合成することで、昔の雑誌や新聞折込チラシのようなユニークな表現となる。

COLUMN 配色によってバリエーションを生み出す

いわずもがな、「色」もデザインにとって重要な要素となります。CHAPTER 4-CASE 2-TYPE EFG（92ページ参照）では、基本的な配色の決め方について触れていますが、ここでは同じレイアウトの制作物でも配色の違いによってどのように印象が変わるか見てみましょう。実際にデザインする際には、バランスがよく、かつ制作物のテーマに合った配色を行うように心がけましょう。

TYPE A

寒色系の配色でまとめた作例。一般に清潔感や堅実性といった印象を与える。男性向けやビジネス系、医療分野などの制作物、知的でスタイリッシュな表現に適している配色だ。

TYPE B

暖色系の配色でまとめた作例。一般に温かさや活発的などの印象を与える。女性向けやファミリー層向け、料理関連などの制作物に適している配色だ。

TYPE C

彩度が高い原色系の配色でまとめた作例。ポップで元気のよさが感じられ、若々しいイメージになる。若者・子供向けの制作物、ぱっと目を引くインパクトを表現したいときなどに適している配色だ。

TYPE D

淡い色の配色でまとめた作例。ナチュラルで心地よさが感じられ、落ち着きのあるイメージになる。ライフスタイルやヘルスケア、エコロジー系などの制作物に適している配色だ。

CHAPTER 5

パーツ別のデザインバリエーション

文字や図版以外にもレイアウトデザインを構成する要素はいろいろあります。たとえば、グラフ、表組み、地図、インデックス――。これらのパーツは、見やすさに配慮しつつ、制作物全体のイメージに合うデザインにする必要があります。時にはアクセントにもなるような、パーツのデザインバリエーションを紹介します。

CASE 1

円グラフのデザイン

TYPE A　線のみで表現する

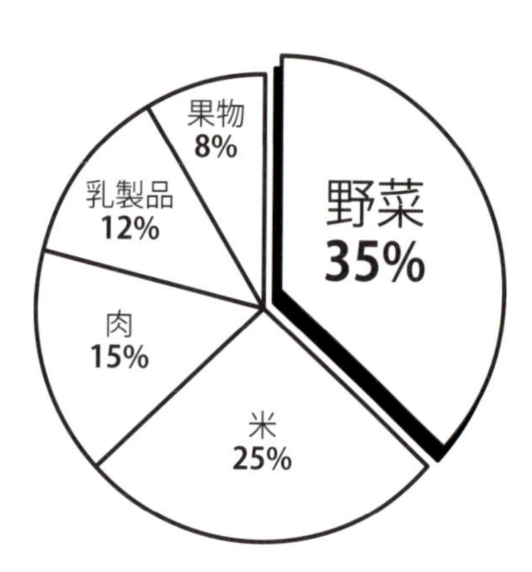

FAXなどの白黒2値印刷でも確実に視認できるように線だけで表現したデザイン。強調したい項目は、面を分割し、境界に影のような処理を施すことで他の項目との区別を明確にしている。

TYPE B　項目の塗りをハッチングで表現する

果物
8%
乳製品
12%
野菜
35%
肉
15%
米
25%

塗りにハッチング（線や点で表現された網掛け）を適用したデザイン。TYPE A と同様に白黒2値印刷に対応する。強調したい項目は、黒のベタ塗り、白抜き文字で目立たせている。

TYPE C　項目の塗りを色の濃淡で表現する

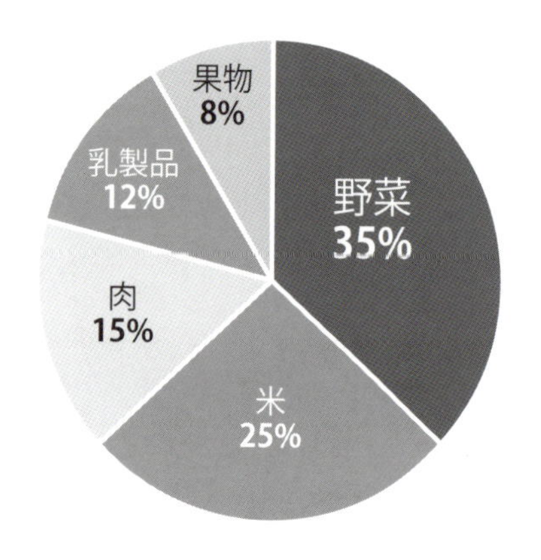

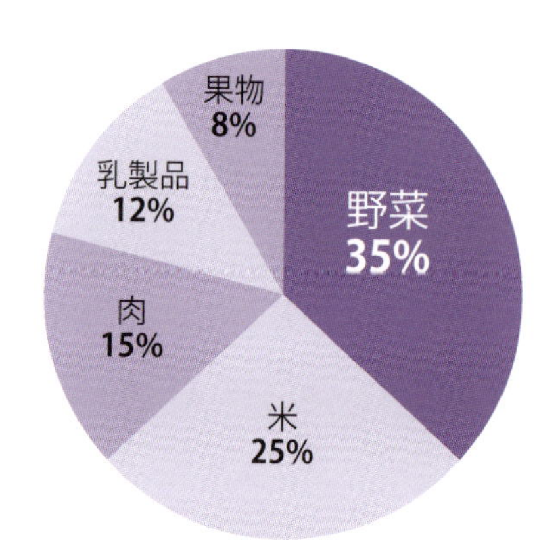

項目ごとの色の濃度を変えて表現したデザイン。階調を持つグレースケール（左）や2色印刷（右）に対応する。強調したい項目は塗りを最も濃い色にして白抜き文字を配置。できれば塗りの濃淡を交互に指定すると、項目ごとの区別がつきやすくなる。また、項目間に境界線を引くときは、線色は黒より白にしたほうがスマートな印象となる（左）。

円グラフのデザインバリエーションを紹介します。Excelなどでは、グラフなどを自動的に作成してくれる機能がありますが、見栄えは決してよくありません。制作物全体のデザインをよいものにしたいのならグラフの見た目にも気を配るべきでしょう。

円グラフは、全体の中での構成比を見るのに適したグラフです。その割合が一目で把握できるように、いかに項目ごとの区別をわかりやすくするかがポイントです。具体的には、割合を示す扇型の面と、項目を分ける境界線をどのように見せるかを考えます。

TYPE D ドーナツ型のデザインにする

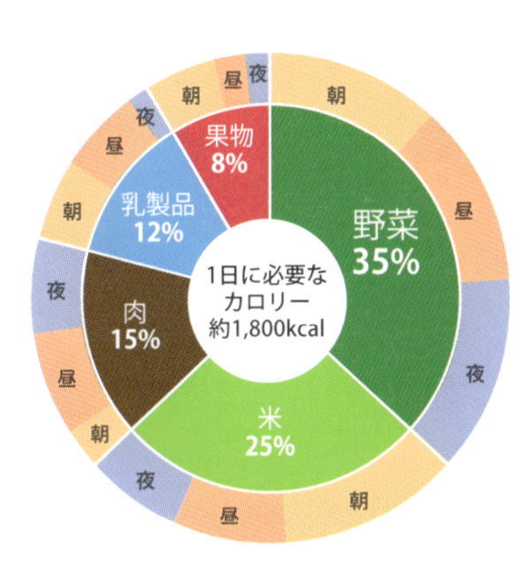

真ん中に穴が空いたドーナツ型のデザイン。空白の部分に総数を入れたり、輪を2重、3重にして分類別の構成比を表したりすることできる。見た目にも変化があってアクセントになる。

TYPE E 立体的なデザインにする

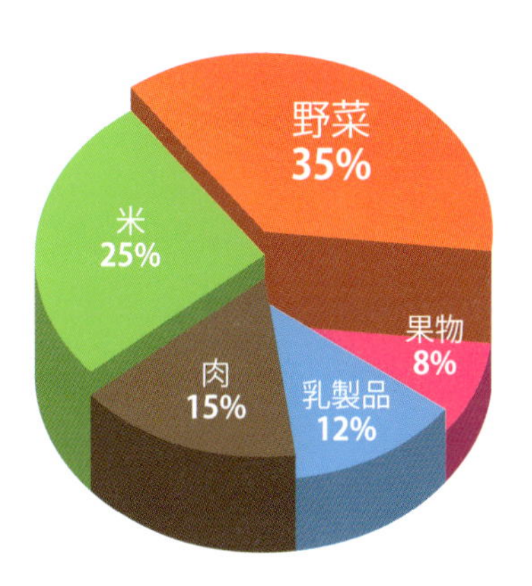

平面の円グラフに奥行きと高さを与えて立体的にした。構成比に合わせて項目ごとの高さを変えることでその差が視覚化され、より違いがわかりやすくなる。

TYPE F 項目の塗りをパターンで表現する

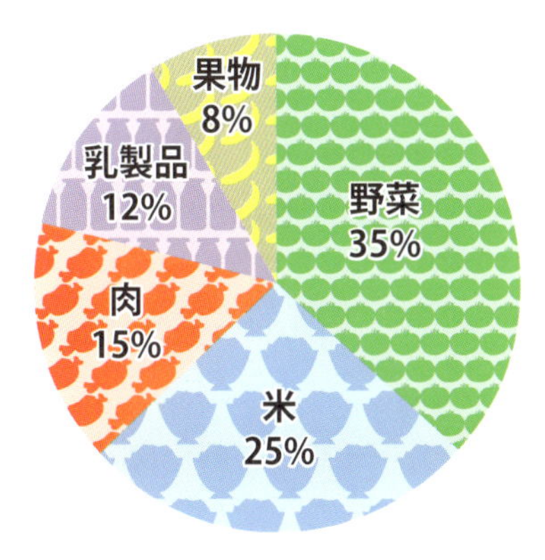

塗りに、項目に関連したアイコンやシルエットをモチーフにしたパターンを適用したデザイン。グラフィカルで楽しい雰囲気を演出できる。パターンの作成方法は93ページCHAPTER 4-CASE 2-TYPE Hを参考にしていただきたい。

TYPE G 項目の塗りを写真で表現する

塗りを項目に関連した写真にしたデザイン。Illustratorのマスク機能を使用した。見た目にインパクトがあるが、制作物全体とのバランスに留意しよう。マスク機能は40ページCHAPTER 2-CASE 4-TYPE Fを参考にしていただきたい。

CASE 2

棒グラフのデザイン

TYPE A 線のみで表現する

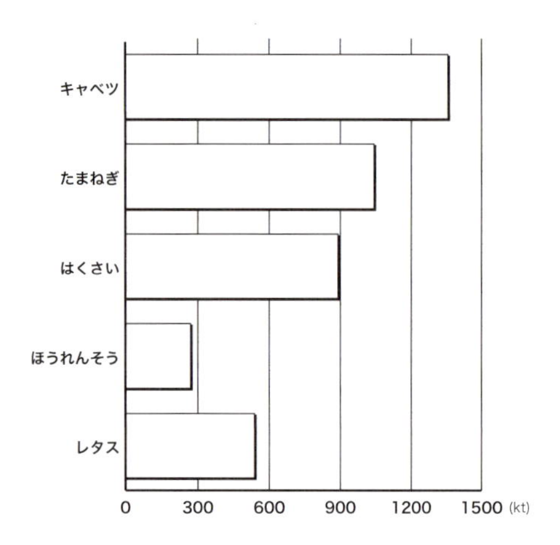

FAXなどの白黒2値印刷で視認できるように線だけで表現したデザイン。軸線や目盛り線は同じ太さにし、棒の部分を右と下の線をやや太くして影を付けたような表現にして強調する。

TYPE B 棒の塗りをハッチングで表現する

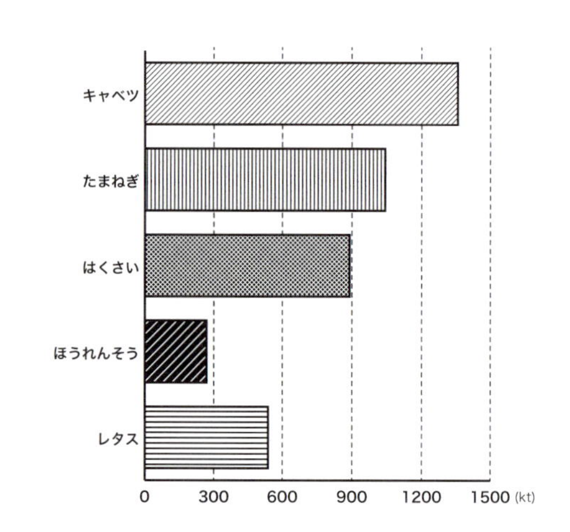

棒の塗りにハッチング（線や点で表現された網掛け）を適用したデザイン。TYPE Aと同様に白黒2値印刷に対応する。棒部分を引き立たせるため、目盛り線は点線や細めの線で表現するとよい。

TYPE C 棒を立体的な見た目にする

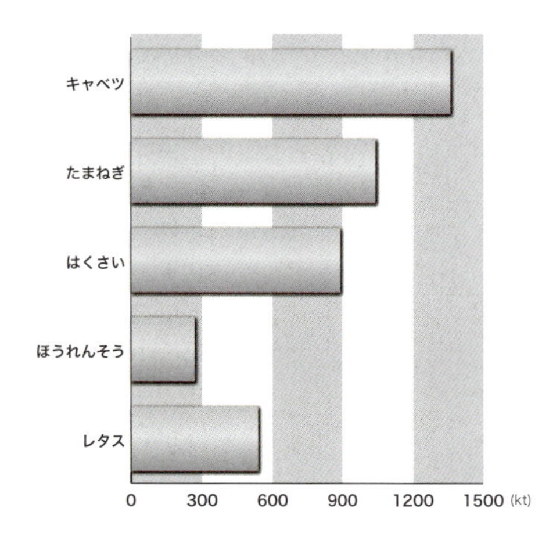

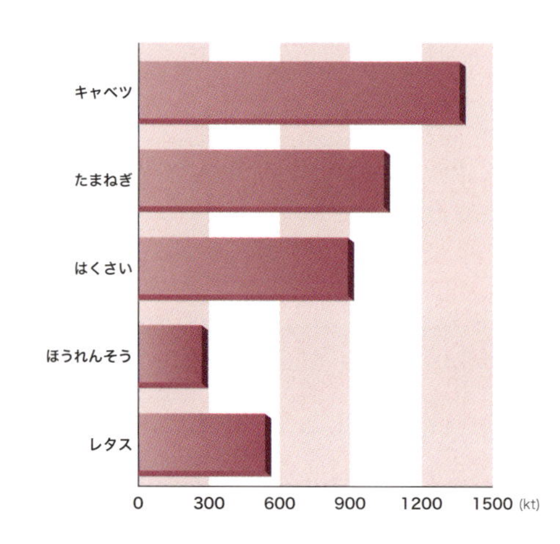

棒部分にグラデーションとドロップシャドウの効果を組み合わせ、立体的な見た目にしたデザイン。階調を持つグレースケール（左）や2色印刷（右）に対応する。目盛りを棒の塗りと同系色の帯で表現すると、デザインの統一感が生まれる。ただし、棒部分を強調するため、淡い色を用いるようにする。使用できる色数が限られていて、平面的なグラフでは物足りなく感じるときに効果的だ。

棒グラフは、棒の高さで量の大小を比較するグラフです。人口の推移やアンケートの集計結果など統計においてよく利用され、2つ以上の値を比較するのに適しています。CASE 1の円グラフと同様、Excelのグラフをそのまま使うのではデザイン性が乏しいので、見やすくしたり、装飾を施します。ここでは横の棒グラフのデザインバリエーションを紹介しますが、もちろん縦の棒でも応用できます。

項目の棒をいかに見やすくするか、項目ごとの区別をいかにわかりやすくするか、目盛りをどのような表現にするか、などがポイントとなります。

TYPE D 棒の塗りを透過させる

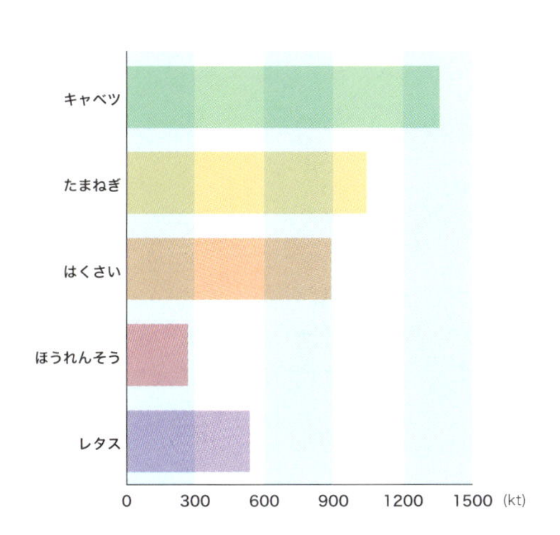

棒の塗りの不透明度を下げることで、目盛りの帯が透けて見えるようにしたデザイン。フルカラー使用時に適した表現で、シンプルながら値が判別しやすい見た目となる。

TYPE E 棒をアイコンや写真で表現する

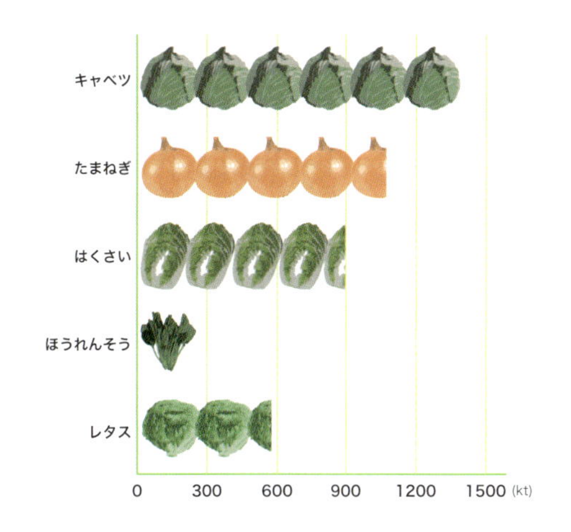

棒の部分を項目を表すアイコンやシルエット、写真などに置き換え、それら個別に配置することで総量を表したデザイン。文字がなくてもその項目が何を表しているかが一目でわかる、

TYPE F 棒を簡単なイラストの伸縮で表現する

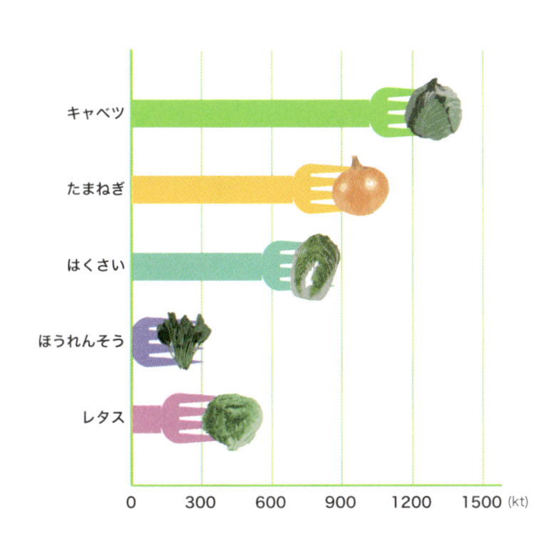

棒の部分を項目を表す簡単なイラストに置き換え、その伸縮で総量を表したデザイン。TYPE Eも同様だが、正確性よりも見た目のユニークさで目を引くことを重視している。

TYPE G 3軸めを追加して3Dの表現にする

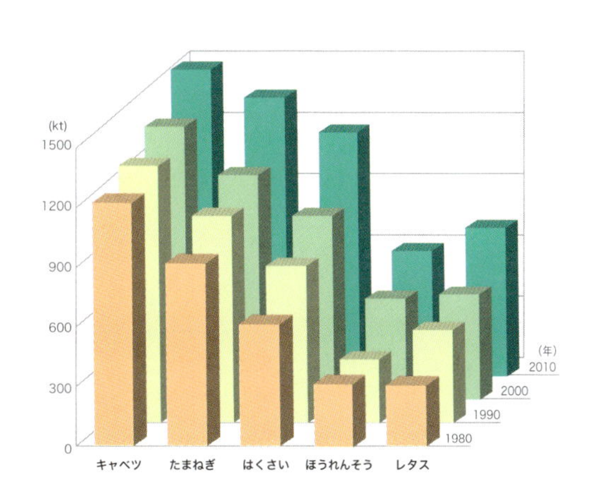

棒グラフは縦軸と横軸の2軸が一般的だが、そこに奥行き（高さ）を与えることで3軸めを追加したデザイン。3つの項目を比較したい際に有効な実用性もあるグラフだ。

CASE 3

折れ線グラフのデザイン

TYPE A 折れ線を実線や点線、破線などにする

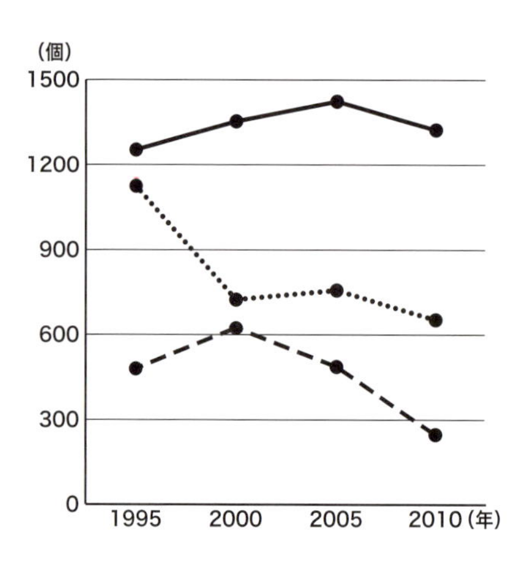

FAXなどの白黒2値印刷で視認できるように線だけで表現したデザイン。数量を表すマーカーは黒にし、項目ごとの折れ線は実線、点線、破線、鎖線を使い分ける。

TYPE B マーカーの形状を変える

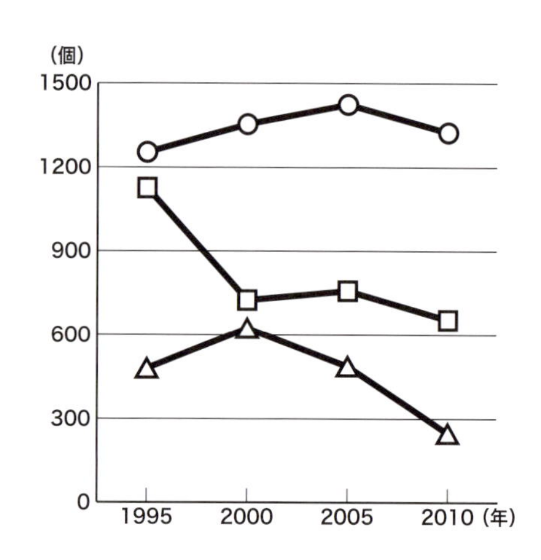

数量を表すマーカーの形状を、丸以外の長方形、三角形、白丸など項目ごとに変えたデザイン。TYPE A と同様に白黒2値印刷に対応する。TYPE A と組み合わせてデザインすると、より項目の区別がつきやすくなる。

TYPE C 折れ線の色を濃淡で表現する

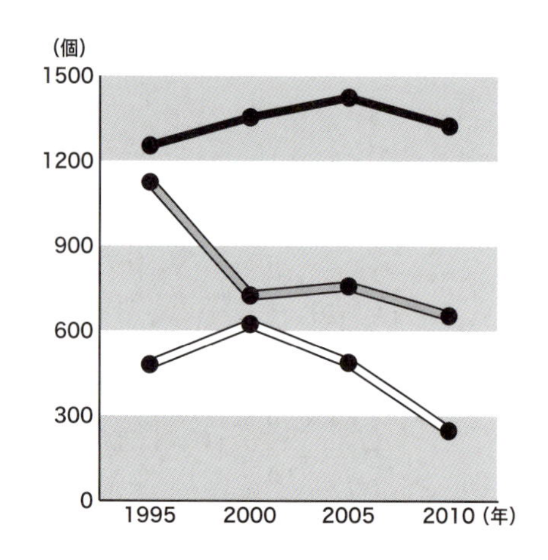

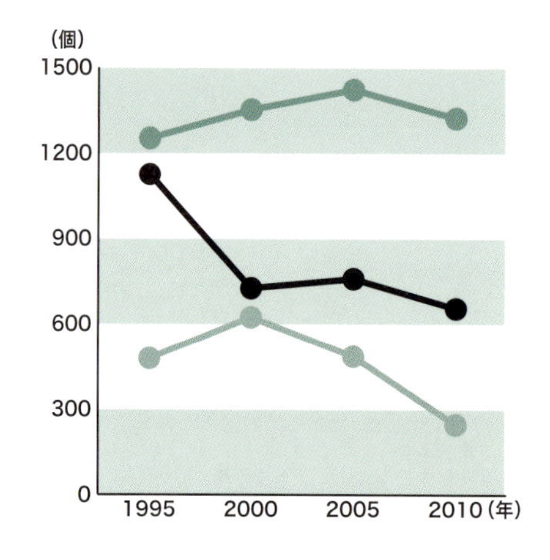

項目ごとの折れ線の色の濃度を変えて表現したデザイン。目盛りは背景に帯を敷いて表している。階調を持つグレースケール（左）や2色印刷（右）に対応する。グレースケール時は、あまり薄いグレーの線を使うと見にくくなる。そのような場合は視認性を高めるため、縁取り線を組み合わせるとよい。

折れ線グラフは、数量の大きさを示すマーカー（点）を直線で結んだグラフで、時間の経過に伴って数量がどのように推移（変化）しているのかを見るのに適しています。

ポイントは、線とマーカーという要素をデザインして、できるだけ項目の別をわかりやすくすることです。特に項目が多くなってくると折れ線が混み合って見づらくなるので、デザインに配慮が必要となります。グラフの目的として「数量の推移を把握できれば十分」ということであれば、目盛りを表す線や帯は省略してしまい、すっきりとした見た目にしてもよいでしょう。

TYPE D　マーカーをアイコンやイラストにする

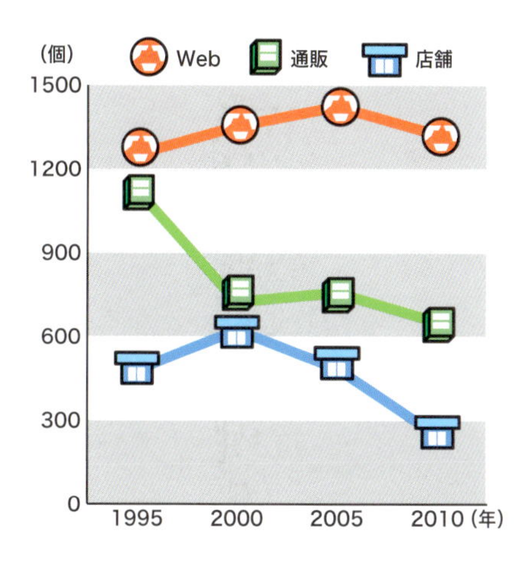

数量を表すマーカーの形状を、アイコンやイラストにしたデザイン。さほど大きくは使えないので、できるだけわかりやすい形状にしたり、項目に関連したモチーフを選択するとよい。折れ線をカラーにし、表線や数字、背景をモノクロにしている。色の違いがはっきりとわかり、点の位置も見やすい。

TYPE E　折れ線間の面を塗りつぶす

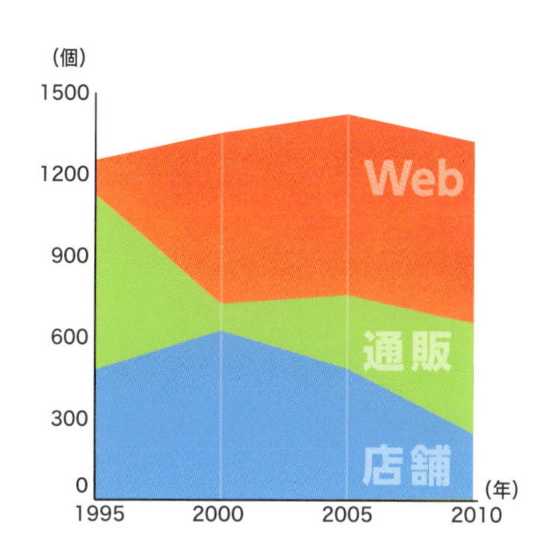

折れ線間の面を項目ごとの色で塗りつぶしたデザイン。面グラフと呼ばれることもあり、折れ線よりも全体の傾向を把握する際に適している。各面上に項目名などを入れるのも面白い。

TYPE F　折れ線間の面を重ねて透過させる

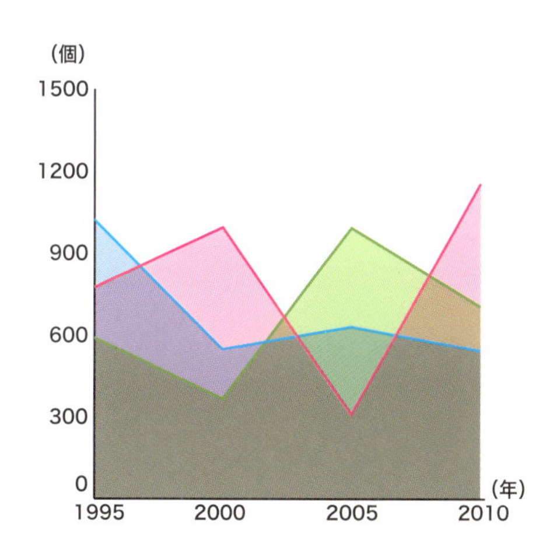

折れ線間の面を透過させたデザイン。TYPE E は折れ線同士が交差しない場合に使用できるが、こちらは交差していても使用可能。面の重なり部分がはっきりと区別できるようにしたい。

TYPE G　奥行きを与えて立体的な表現にする

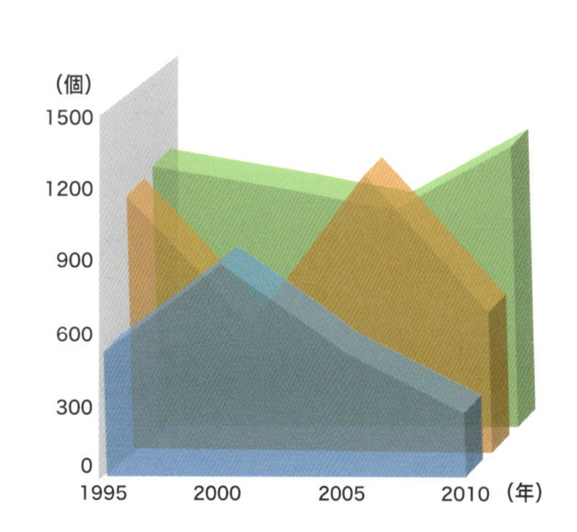

TYPE E や TYPE F のような面グラフに奥行きを与え立体的にしたデザイン。グラフとしてのわかりやすさや実用性はあまり期待できないが、見た目の面白さを狙いたいときには有効だ。

表組みのデザイン

TYPE A 格子状の罫線を使用する

野菜の種類	エネルギー (kcal)	カリウム (mg)	マグネシウム (mg)	豊富な栄養素
アスパラガス（ゆで）	24	260	12	ビタミンB2、ナイアシン
日本かぼちゃ（ゆで）	60	480	15	ビタミンB6、食物繊維
さつまいも（蒸し）	3	490	19	βカロテン、αトコフェロール
トマト（なま）	26	210	9	ルチノール、ビタミンC、ビタミンE
白菜（ゆで）	13	160	9	ビタミンC、βクリプトキサンチン
えだまめ（ゆで）	134	490	72	ビタミンB1、ビタミンA、食物繊維

格子状の罫線を使用した一般的によく見られるデザイン。白黒2値印刷に対応する。外枠および項目行列と値の区切り線のみ太くし、見やすくなるよう配慮した。外枠の左右の罫線を削除すると、よりすっきりした見た目となる。

TYPE B 横罫線だけを使用する

野菜の種類	エネルギー (kcal)	カリウム (mg)	マグネシウム (mg)	豊富な栄養素
アスパラガス（ゆで）	24	260	12	ビタミンB2、ナイアシン
日本かぼちゃ（ゆで）	60	480	15	ビタミンB6、食物繊維
さつまいも（蒸し）	3	490	19	βカロテン、αトコフェロール
トマト（なま）	26	210	9	ルチノール、ビタミンC、ビタミンE
白菜（ゆで）	13	160	9	ビタミンC、βクリプトキサンチン
えだまめ（ゆで）	134	490	72	ビタミンB1、ビタミンA、食物繊維

縦罫線は使わず、横罫線のみで構成したデザイン。白黒2値印刷に対応する。最上部と最下部の罫線、および項目行と値の区切り線のみ太くしてメリハリをつけた。TYPE Aよりもスマートな印象になる。

TYPE C グレースケールの帯だけを使う

野菜の種類	エネルギー (kcal)	カリウム (mg)	マグネシウム (mg)	豊富な栄養素
アスパラガス（ゆで）	24	260	12	ビタミンB2、ナイアシン
日本かぼちゃ（ゆで）	60	480	15	ビタミンB6、食物繊維
さつまいも（蒸し）	3	490	19	βカロテン、αトコフェロール
トマト（なま）	26	210	9	ルチノール、ビタミンC、ビタミンE
白菜（ゆで）	13	160	9	ビタミンC、βクリプトキサンチン
えだまめ（ゆで）	134	490	72	ビタミンB1、ビタミンA、食物繊維

罫線を用いず、グレースケールの帯だけで構成したデザイン。項目行は黒帯に白抜きの文字を使用。値の行は白（帯なしの状態）とグレー（K25%）の帯を交互に配置し、行ごとの区別を明確にしている。

TYPE D グレースケールの帯と罫線を組み合わせる

野菜の種類	エネルギー (kcal)	カリウム (mg)	マグネシウム (mg)	豊富な栄養素
アスパラガス（ゆで）	24	260	12	ビタミンB2、ナイアシン
日本かぼちゃ（ゆで）	60	480	15	ビタミンB6、食物繊維
さつまいも（蒸し）	3	490	19	βカロテン、αトコフェロール
トマト（なま）	26	210	9	ルチノール、ビタミンC、ビタミンE
白菜（ゆで）	13	160	9	ビタミンC、βクリプトキサンチン
えだまめ（ゆで）	134	490	72	ビタミンB1、ビタミンA、食物繊維

グレースケールの帯と罫線を組み合わせたデザイン。項目行は黒帯に白抜きの文字を使用、値部分はグレー（K30%）の帯を敷いた。行と列を区切る罫線は、黒ではなく白にしたほうがすっきり見える。

表組みのデザインバリエーションを紹介します。

表組みと聞くと、格子状の罫線によって文字や数字が囲まれたものを想像されると思いますが、必ずしも格子状にする必要はありません。重要なのは文字や数字を行・列単位で揃え、項目と値の関連性をわかりやすくすることです。その点に留意すれば、罫線を省いてもきちんと表組みとして成り立つ見た目になります。罫線の使い方によってはうるさく見える場合があるので、あえて罫線を使わず、帯などを使ってすっきり見せる手法もあります。また、色を使う場合は色数を抑えたほうが見やすい表組みに仕上がります。

TYPE E 2色で帯と罫線を使う①

野菜の種類	エネルギー (kcal)	カリウム (mg)	マグネシウム (mg)	豊富な栄養素
アスパラガス（ゆで）	24	260	12	ビタミンB2、ナイアシン
日本かぼちゃ（ゆで）	60	480	15	ビタミンB6、食物繊維
さつまいも（蒸し）	3	490	19	βカロテン、αトコフェロール
トマト（なま）	26	210	9	ルチノール、ビタミンC、ビタミンE
白菜（ゆで）	13	160	9	ビタミンC、βクリプトキサンチン
えだまめ（ゆで）	134	490	72	ビタミンB1、ビタミンA、食物繊維

TYPE Cをベースに2色を使用したデザイン。項目行は色帯を敷き、値の行は白（帯なしの状態）と色帯を交互に配置し、行ごとの区別を明確にしている。列は罫線で区切り、よりわかりやすくした。

TYPE F 2色で帯と罫線を使う②

野菜の種類	エネルギー (kcal)	カリウム (mg)	マグネシウム (mg)	豊富な栄養素
アスパラガス（ゆで）	24	260	12	ビタミンB2、ナイアシン
日本かぼちゃ（ゆで）	60	480	15	ビタミンB6、食物繊維
さつまいも（蒸し）	3	490	19	βカロテン、αトコフェロール
トマト（なま）	26	210	9	ルチノール、ビタミンC、ビタミンE
白菜（ゆで）	13	160	9	ビタミンC、βクリプトキサンチン
えだまめ（ゆで）	134	490	72	ビタミンB1、ビタミンA、食物繊維

TYPE Dをベースに2色を使用したデザイン。項目行は色帯に白抜きの文字を使用、項目列もの色帯を敷いて違いを明確にした。罫線は黒だと浮いて見えるため色つきにして、項目行の部分は見やすいように白にしてある。

TYPE G 帯色の濃淡を使い分ける

野菜の種類	エネルギー (kcal)	カリウム (mg)	マグネシウム (mg)	豊富な栄養素
アスパラガス（ゆで）	24	260	12	ビタミンB2、ナイアシン
日本かぼちゃ（ゆで）	60	480	15	ビタミンB6、食物繊維
さつまいも（蒸し）	3	490	19	βカロテン、αトコフェロール
トマト（なま）	26	210	9	ルチノール、ビタミンC、ビタミンE
白菜（ゆで）	13	160	9	ビタミンC、βクリプトキサンチン
えだまめ（ゆで）	134	490	72	ビタミンB1、ビタミンA、食物繊維

フルカラーを前提に帯色の濃淡を使い分けて使用したデザイン。項目行ははっきりと違いのある色帯を使用。値の列は同系色を交互に配置、項目列と値は色の濃淡で差別化を図っている。制作物全体のイメージに合った配色を心がける。

TYPE H 項目ごとに帯色を変える

野菜の種類	エネルギー (kcal)	カリウム (mg)	マグネシウム (mg)	豊富な栄養素
アスパラガス（ゆで）	24	260	12	ビタミンB2、ナイアシン
日本かぼちゃ（ゆで）	60	480	15	ビタミンB6、食物繊維
さつまいも（蒸し）	3	490	19	βカロテン、αトコフェロール
トマト（なま）	26	210	9	ルチノール、ビタミンC、ビタミンE
白菜（ゆで）	13	160	9	ビタミンC、βクリプトキサンチン
えだまめ（ゆで）	134	490	72	ビタミンB1、ビタミンA、食物繊維

フルカラーを前提に項目列ごとに帯色を変えたデザイン。項目行は100%の色帯に白抜き文字とし、値部分は濃淡のある帯を交互に配置して区別をわかりやすくした。項目の分類をわかりやすく示したい際に有効だ。

表組みのデザイン

表組みの各要素とデザインのポイント

見やすい表組みを作成するため、各要素別に押さえるべきデザインのポイントを説明します。

項目行(列)

分類を表す文字が入る。値部分と明確に区別するため、色帯を敷いたり、文字を太くしたりする。行揃えは中央揃え、もしくは左揃えにするのがセオリーだ。

行高さ・列幅

窮屈に見えないように、適度な間隔を空ける。特に罫線を使うときには、やや空きを多めにする。列幅は、値の文字数によって決まるが、できるだけ同じ幅で統一するのがよい。

製品名	全長(mm)	重量(kg)	フレーム素材	価格(税込み)	商品概要
Trance Porter 510RZ	930	9.3	アルミニウム合金	98,000円	スピードと安定性など基本機能を備えながら10万を切る低価格のコストパフォーマンスモデル。
Trance Porter 520RZX	1250	10.5	カーボン	128,000円	従来より20%のスピードアップとスタビリティコントロールを実現したミドルクラスモデル。
Speed Porter 530ZX	1530	12.5	カーボン	148,000円	カーボンフレーム全体の70%に使用することで、シリーズ最軽量化を実現したハイクラスモデル。
Speed Porter 550RZX	1550	12.7	チタン	158,000円	フレームにチタンを採用した最高性能モデル。スピードだけでなく、スタビリティコントロールを極限まで追求。

罫線

全体にうるさく見えないように細め(0.5pt以下)の罫線を使う。項目行(列)と値の区切り線、外枠の線などは、やや太め(1pt以下)の線にする。

数値

数量や金額などは、一目で桁数の違いがわかるように、桁揃えかつ中央揃えにする。小数点がある数値は、小数点揃えかつ中央揃えにする。

文章

短文や単語などであれば左揃え、何行かにわたる長めの文章なら均等配置(最終行左揃え)にする。

項目と値の区別を明確にする

一般に表組みでは罫線で文字を区切りますが、すべて同じ細さの罫線を用いると項目と値の違いがわかりづらく、全体的な見た目もメリハリが感じられません。項目の文字を太くする、項目行（列）に帯を敷く、項目行（列）と値の区切り線だけ太くするなどして区別を明確にします。

野菜の種類	エネルギー (kcal)	カリウム (mg)	マグネシウム (mg)	豊富な栄養素
アスパラガス（ゆで）	24	260	12	ビタミンB2、ナイアシン
日本かぼちゃ（ゆで）	60	480	15	ビタミンB6、食物繊維
さつまいも（蒸し）	3	490	19	βカロテン、αトコフェロール
トマト（なま）	26	210	9	ルチノール、ビタミンC、ビタミンE
白菜（ゆで）	13	160	9	ビタミンC、βクリプトキサンチン
えだまめ（ゆで）	134	490	72	ビタミンB1、ビタミンA、食物繊維

野菜の種類	エネルギー (kcal)	カリウム (mg)	マグネシウム (mg)	豊富な栄養素
アスパラガス（ゆで）	24	260	12	ビタミンB2、ナイアシン
日本かぼちゃ（ゆで）	60	480	15	ビタミンB6、食物繊維
さつまいも（蒸し）	3	490	19	βカロテン、αトコフェロール
トマト（なま）	26	210	9	ルチノール、ビタミンC、ビタミンE
白菜（ゆで）	13	160	9	ビタミンC、βクリプトキサンチン
えだまめ（ゆで）	134	490	72	ビタミンB1、ビタミンA、食物繊維

文字の役割、内容によって文字揃えを使い分ける

表組みの中には、いろいろな意味を持つ文字や数値が混在しています。それぞれの内容に適した文字揃えにすることで、一目でわかりやすい表組みとなります。ここで紹介しているのは極端な例ですが、左ページの「文章」「数値」の解説を参考に文字揃えにも気を配りましょう。

製品名	全長(mm)	重さ(kg)	素材	商品概要
GT ライト	930	14.6	アルミニウム合金	価格の安さが魅力の入門者向け エントリーモデル。
GTX エクストリーム	1250	11.6	カーボン	耐久性に優れる中級者向け ミッドレンジモデル。
GTX プロフェッショナル	1340	9.4	チタン	一生使いたいという上級者向け ハイエンドモデル。

製品名	全長(mm)	重さ(kg)	素材	商品概要
GT ライト	930	14.6	アルミニウム合金	価格の安さが魅力の入門者向け エントリーモデル。
GTX エクストリーム	1250	11.6	カーボン	耐久性に優れる中級者向け ミッドレンジモデル。
GTX プロフェッショナル	1340	9.4	チタン	一生使いたいという上級者向け ハイエンドモデル。

帯を使う場合は配色に気をつける

カラー印刷などで帯を用いる場合、むやみに色を使いすぎると見づらかったり、品がなくなるので注意が必要です。特に分類を強調したいという場合以外は TYPE H のような多色使いは避けるのが無難です。使用する色数は、黒＋制作物のテーマに合った1色もしくは2色程度にするよう心がけましょう。

野菜の種類	エネルギー (kcal)	カリウム (mg)	マグネシウム (mg)	豊富な栄養素
アスパラガス（ゆで）	24	260	12	ビタミンB2、ナイアシン
日本かぼちゃ（ゆで）	60	480	15	ビタミンB6、食物繊維
さつまいも（蒸し）	3	490	19	βカロテン、αトコフェロール
トマト（なま）	26	210	9	ルチノール、ビタミンC、ビタミンE
白菜（ゆで）	13	160	9	ビタミンC、βクリプトキサンチン
えだまめ（ゆで）	134	490	72	ビタミンB1、ビタミンA、食物繊維

野菜の種類	エネルギー (kcal)	カリウム (mg)	マグネシウム (mg)	豊富な栄養素
アスパラガス（ゆで）	24	260	12	ビタミンB2、ナイアシン
日本かぼちゃ（ゆで）	60	480	15	ビタミンB6、食物繊維
さつまいも（蒸し）	3	490	19	βカロテン、αトコフェロール
トマト（なま）	26	210	9	ルチノール、ビタミンC、ビタミンE
白菜（ゆで）	13	160	9	ビタミンC、βクリプトキサンチン
えだまめ（ゆで）	134	490	72	ビタミンB1、ビタミンA、食物繊維

CASE 5

地図のデザイン

TYPE A　地図を線で表現する①

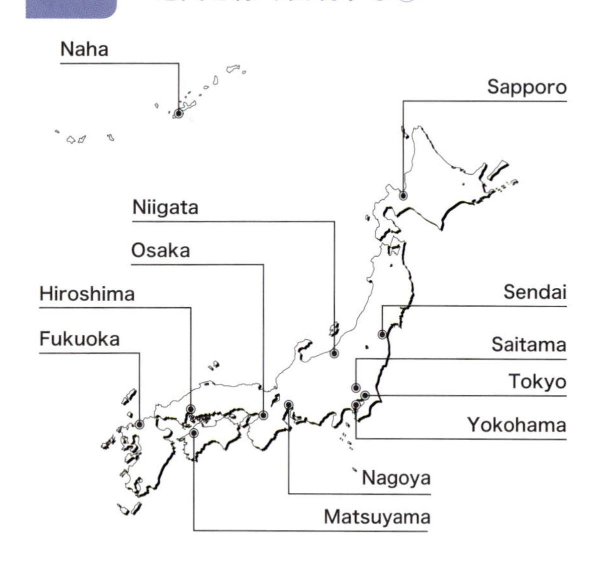

FAXなどの白黒2値印刷でも使えるシンプルなデザイン。地図は線で表現し、影を付けて立体的に見せている。引出文字で都市名を表し、場所を示すポイントは二重丸で強調した。

TYPE B　地図を線で表現する②

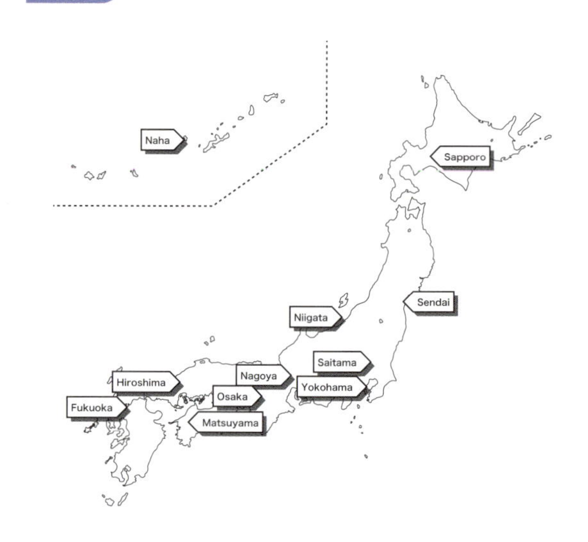

TYPE Aと同様、地図を線で表現し、白黒2値印刷で使えるデザインにした。違いは、都市名をタグのように地図上に配置した点。引出文字がない分、地図自体を大きめにレイアウトできる。

TYPE C　グレーの背景に地図を白抜きで配置する

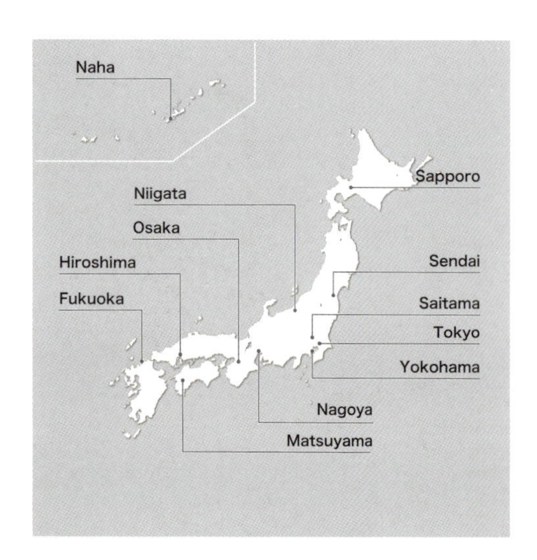

階調のあるグレースケールを背景色に利用したデザイン。都市名に注目してもらいたいため、引出線と文字を黒にして目立たせている。

TYPE D　色の濃度を変えて表現する

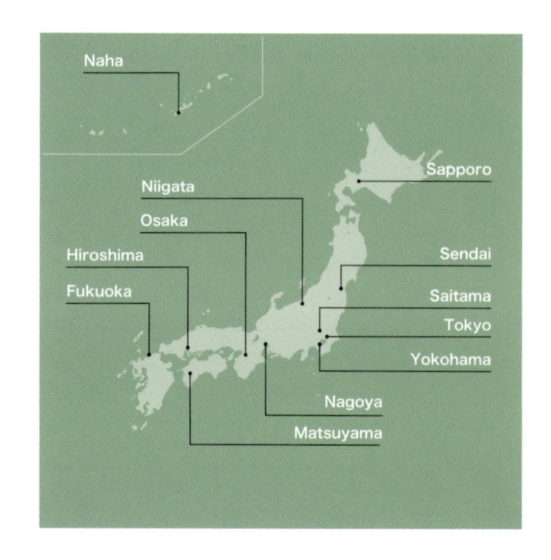

2色以上の印刷を想定したデザイン。背景と地図の塗り色は同じだが、濃度をそれぞれ100%、60%と変えている。やはり都市名部分を目立たせるため、引出線を黒、文字を白抜きにした。

ここでは日本地図を使って、地図のバリエーションを紹介します。

地図に求められるのは、見やすさと使いやすさです。そのため都市名など文字を入れる際、見た目に工夫が必要ですし、モノクロ、2色、4色フルカラーなど使用できる色数も考慮しなければなりません。

一方で、制作物の雰囲気に合うデザインにすることを心がけることも大切です。配色はもとより、時にはイメージを優先して、地図の形状をデフォルメして位置関係はざっくりとしたものにする場合もあります。

TYPE E 地図をモザイク状で表現する

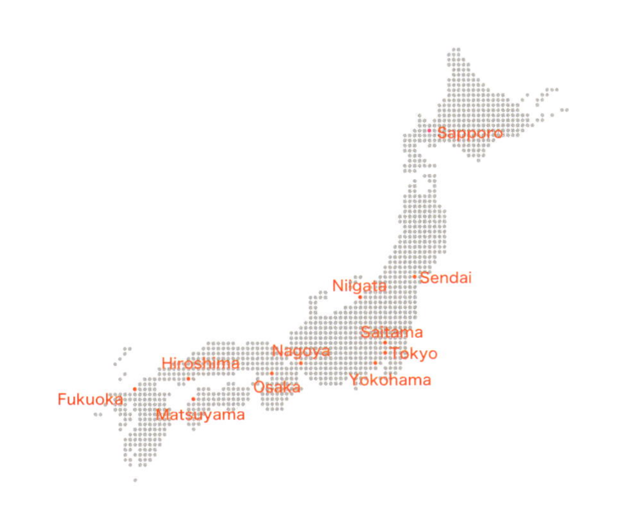

地図の形状をドットで表したデザイン。都市名と場所を指す部分のドットを赤にして際立たせている。ドット（モザイクオブジェクト）の作成方法は、86ページを参考にしていただきたい。

TYPE F 地図をブロックで表現する

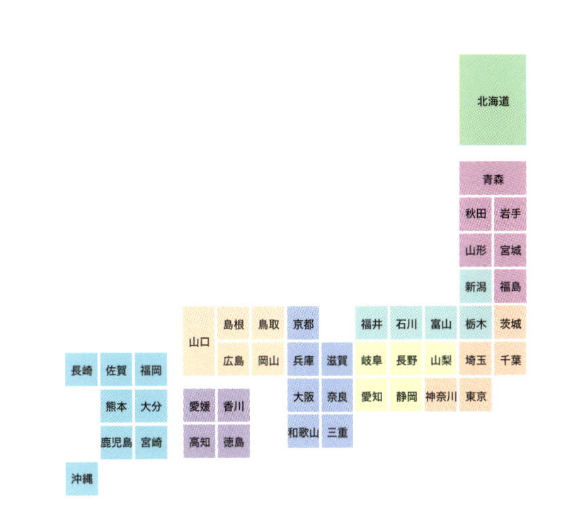

エリア分けを伝えたい地図であれば、ブロックで表現する方法もある。エリアごとの四角形の組み合わせにより、大まかに地図全体の形状を作り上げ、色分けなどを行う。

TYPE G 地図の形状をデフォルメする①

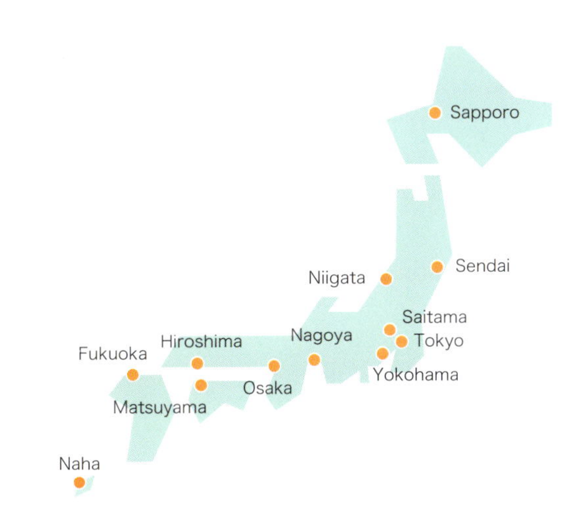

制作物の目的によっては、地図にさほど正確さが求められない場合もある。そのようなときは、位置関係などが把握できる程度に形状をデフォルメして、柔らかいイメージにするのもよい。

TYPE H 地図の形状をデフォルメする②

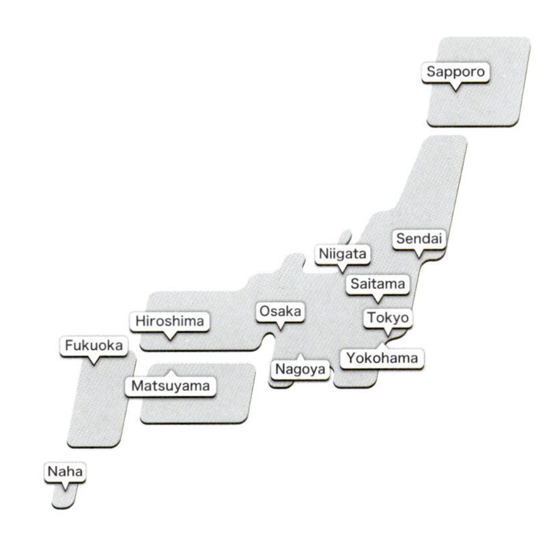

角丸の四角形を基本形状とし、その組み合わせで TYPE G よりもさらに形状を単純化した。日本地図は特徴的な形状をしているので、かなりデフォルメしても認識しやすい。

CASE 6

案内図のデザイン

TYPE A 道路を1本の線で表現する

一番シンプルで作成も簡単なデザイン。道路は黒やグレーの線を用い、鉄道は線路の表現を使うと区別がつきやすい。ランドマークは白、目的地は黒の図形で表すとやはり差別化が図れる。

TYPE B 道路をダブルラインで表現する

TYPE Aと同じように、比較的簡単に制作できる基本的なデザイン。ただ、道路は一本線ではなくダブルラインで表現している。FAXなどの白黒2値印刷でも視認しやすい。

TYPE C 道路に影を付け、目的地だけ立体に見せる

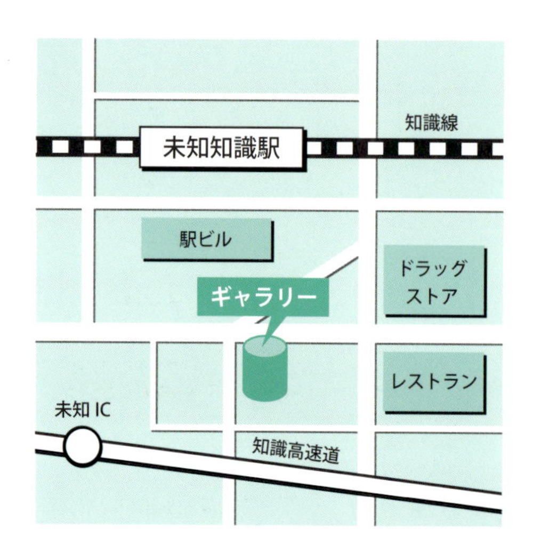

道路を線で表現したデザインをベースに、道路に影を付け、目的地だけを単純な直方体にするなどして、少し立体的に見せた。これだけでもアクセントとなり、だいぶ印象が変わって見える。

TYPE D 道路を手書きタッチにする

道路を毛筆で書いたようなタッチにしたデザイン。全体的にソフトな印象の表現となる。手書き線の作成方法は85ページCHAPTER 4-CASE 1-TYPE Bを参考にしていただきたい。

観光案内やショップガイド、会社案内などに用いられる、目的地までの道順を案内する地図のデザインです。CASE 5の「地図のデザイン」と同様、使用できる色数に配慮しながら見やすくなるように心がけます。

ポイントとしては、案内図では必須となるランドマーク、そして目的地の別をはっきりとし、道路（線路）をわかりやすく表現することが挙げられます。とくに、道路と線路が混在する場合は、線の色や形状を替えるなど工夫が必要です。また、アイコンや写真などグラフィカルな要素を取り入れ、見た目に楽しいデザインにするのもよいでしょう。

TYPE E ランドマークをピクトグラムやアイコンにする

目的地や、ランドマーク（目印）となる建造物、ショップ、施設をピクトグラムやアイコンで表現したデザイン。白黒印刷でも利用でき、グラフィカルで楽しい雰囲気を演出できる。

TYPE F ランドマークに写真を配置する

目的地や、ランドマーク（目印）となる建造物、ショップ、施設に関する写真を配置したデザイン。建物外観・内観のほか、ショップなら商品、飲食店なら料理などの写真を使うのもよい。

TYPE G 擬似的な3D地図にする

擬似的ではあるが、見た目を3Dにしてアクセントをつけたデザイン。Illustratorを使って平面の地図を基に奥行きを出すように変形し、建物の図形を立体にする効果を適用した。

Illustratorで地図を立体的にする

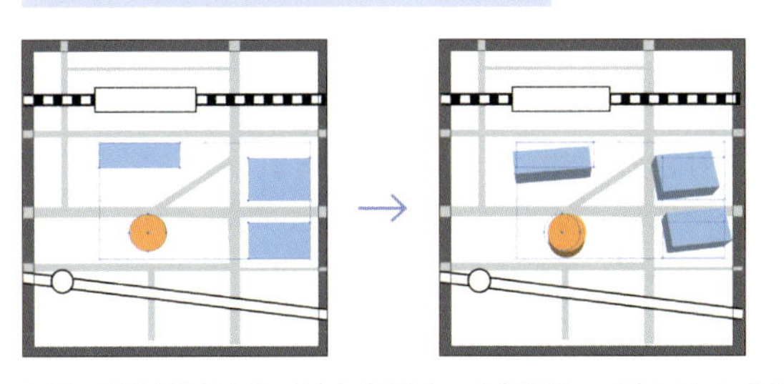

平面の図形を選択する。［自由変形］ツールを選択し、バウンディングボックスの右上のコーナーハンドルをドラッグした状態で、［shift］+［option］+［command］キー（Windowsは［Shift］+［Alt］+［Ctrl］キー）を押しながらさらにドラッグして、奥行きがあるように変形させる。

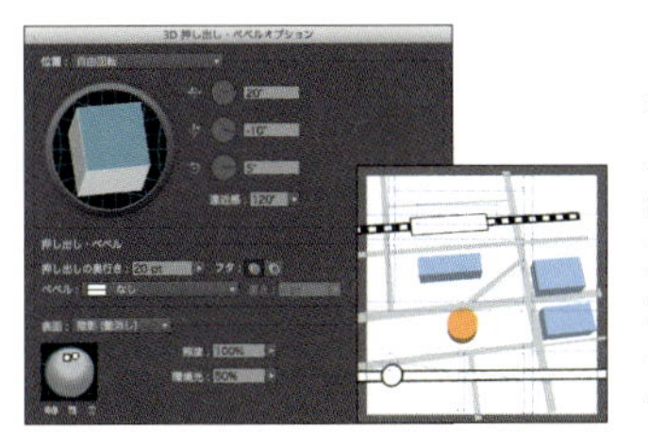

平面の地図を選択して、［効果］メニュー→［3D］→［押し出し・ベベル］を選択。［押し出し・ベベルオプション］ダイアログで各種設定を行うと立体になる。［プレビュー］にチェックを入れて結果を確認しながら作業するとよい。

CASE 7

インデックスのデザイン

TYPE A

位置をずらしながら該当する分類名のみ配置する

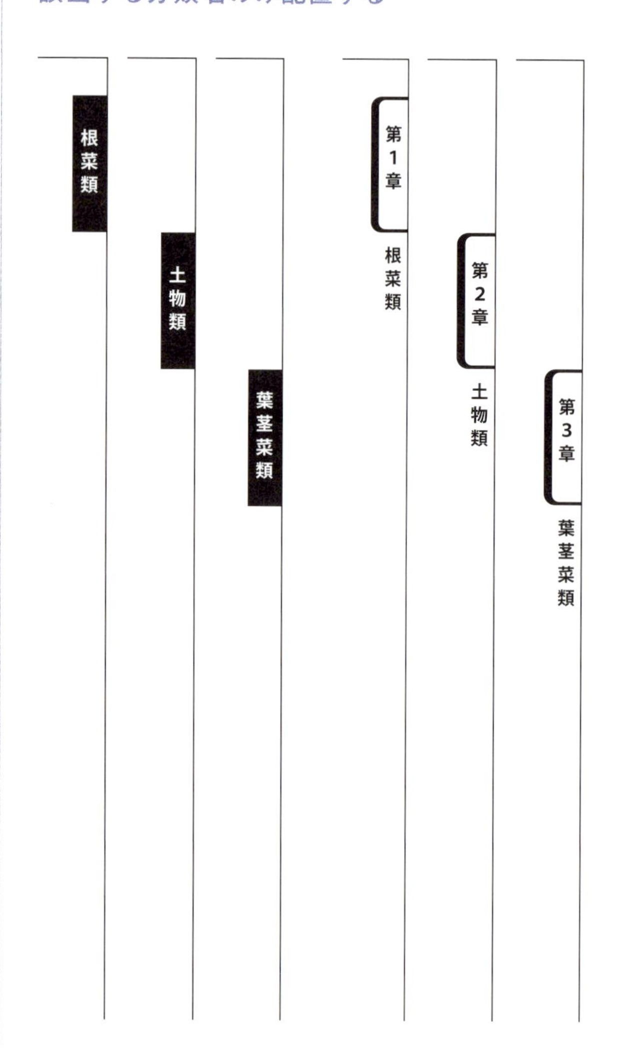

該当する分類名だけ配置したデザイン。白黒2値印刷にも対応する。ページが進むごとに分類を段階的に下に移動させることで、違いをわかりやすく見せている。黒帯に白抜き文字の左の作例は視認性はしっかりしているが、悪目立ちしないよう誌面とのバランスに注意する。右の作例は、章番号を立てた作例。角丸の長方形を用いたデザインで柔らかい雰囲気にした。

TYPE B

すべての分類名を配置し、該当する分類名を強調する

まずすべての分類名を配置し、そのうえで該当する分類名のデザインだけ変化を加え強調したデザイン。白黒2値印刷にも対応する。長い章タイトルなどは記載できないが、一覧性があるため相対的に今どのページを見ているかがわかりやすい利点がある。左の作例は、該当する分類名のみ黒帯の白抜き文字にした。右の作例は、該当する分類名に太い罫線を追加して他分類と区別している。

本やカタログ、マニュアルなどのページもので、ページの端に配置されているインデックス（専門用語で「ツメ」とも呼ばれる）のデザインバリエーションです。

インデックスには主に分類名、章や項目のタイトルなどが記載されており、読者が目的のページを見つけ出すための手助けとなります。そのため、そのページがどの分類に属するのかが一目でわかるようなデザインにする必要があります。該当する分類名だけ配置する場合と、すべての分類名を配置し、該当する分類名を強調する場合があります。シルエットアイコンなどを使うと楽しげな雰囲気になります。

TYPE **C**

色の濃淡で該当する分類名を区別する

根菜類
土物類
葉茎菜類
豆科野菜類
葉茎菜類
きのこ類

TYPE B と同様、すべての分類名を配置し、該当する分類名のみ強調したデザインで、グレースケール（左）や2色印刷（右）など色の階調を扱える場合に用いる。該当する分類名は、ベタ塗りの帯に白抜き文字として強調。それ以外の分類名の帯の塗りは濃度を下げることで印象を弱め、該当する分類名との違いを明確にしている。

TYPE **D**

インデックス位置は固定し、分類を色分けして区別する

1章 焼いても蒸しても美味しい根菜類
2章 煮物や炒め物に大活躍の土物類
3章 毎日食べるサラダには葉茎菜類

フルカラー印刷を前提として、該当する分類名だけ配置したデザイン。インデックス位置は固定したままで、色分けによって分類ごとの区別をわかりやすく見せる。左の例は、章番号部分のみ色帯にしており、章タイトルの長さに左右されない。右の例は、章タイトル部分も帯を敷いているため、一番長い章タイトル（分類名）に合わせた長さの帯に統一する必要がある。

インデックスのデザイン

TYPE E

分類名を色分けして該当する分類名の色を濃くする

根菜類
土物類
葉茎菜類
豆科野菜類
葉茎菜類
きのこ類

根菜類
土物類
葉茎菜類
豆科野菜類
葉茎菜類
きのこ類

根菜類
土物類
葉茎菜類
豆科野菜類
葉茎菜類
きのこ類

根菜類
土物類
葉茎菜類
豆科野菜類
葉茎菜類
きのこ類

根菜類
土物類
葉茎菜類
豆科野菜類
葉茎菜類
きのこ類

根菜類
土物類
葉茎菜類
豆科野菜類
葉茎菜類
きのこ類

すべての分類名を配置し、該当する分類名のデザインだけ強調したTYPE Bをフルカラー用にアレンジしたデザイン。分類名をそれぞれ色分けし、該当する分類はベタ塗りの帯に白抜き文字にして強調している。該当以外の分類は、左の作例では帯色と文字色を薄くすることで、右の作例では帯を敷かず太い罫線を追加するだけにして、差別化を図っている。

TYPE F

該当の章タイトルが展開表示されたような表現にする

章番号があり章タイトルが長めの際に対応できるデザイン。まず分類名ごとに色分けをし、該当する章タイトルは、展開して表示されているようなイメージで配置し、それ以外は章番号のみ配置する。左の作例は、全体のインデックスの位置は固定し、該当する章タイトルだけ配置した。右の作例は、章タイトル部分を固定し、章番号が上下に移動するような表現にした。

TYPE G

帯の形状を実物のインデックスのようにする

インデックスに用いる帯の形状を、実物のファイルインデックス、インデックスシールを模した台形状にしたデザイン。左の作例は、インデックス部分の背景にグレーを敷いて、該当以外の分類名の台形部分を白帯で表現。右の例は、影を加えることでよりリアルな印象に仕上げた。該当する分類名とそれ以外の分類名を区別する見せ方は、TYPE E を参考にするとよい。

TYPE H

分類に関連したアイコンなどを加えグラフィカルに見せる

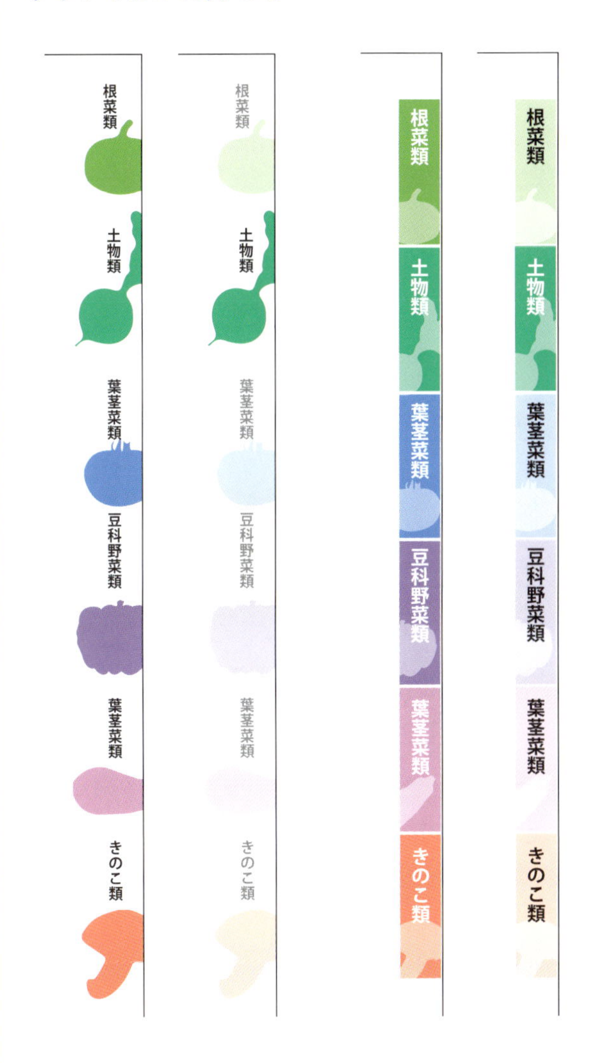

分類ごとに関連したシルエットアイコンを使ったややユニークなデザイン。わかりやすい形状のアイコンを使うと、視覚的に内容のイメージを伝えることができる。左の作例では、帯の代わりにアイコンを配置。右の作例は、帯とシルエットアイコンを組み合わせた。該当する分類名とそれ以外の分類名を区別する見せ方は、TYPE E を参考にするとよい。

COLUMN 困ったときに役立つ素材サイト❷

「素材がない」「納期が短い」「予算がない」。そんなときに力強い味方となってくれるのが、さまざまなデザイン素材を無料で提供しているサイトです。ここでは、基本的に無料で使用可能なパターン、ライン、フレームなどの素材を提供しているサイトをいくつか紹介します。念のためこれらの素材サイトを利用するときは、費用が発生するか、著作権表示が必要か、商用利用が可能かなどの利用規約を必ず確認し、それに準じて利用するようにしましょう。

PATTERN

http://www.pattern-sozai.website/

継ぎ目のないパターンの素材を無料でダウンロードできるサイト。商用利用が可能で、クレジット表記や許可は不要。JPEGデータのほか、EPSデータも用意されており、Illustratorのスウォッチパネルに登録して使用することが可能。

Bg-Pattrens

http://bg-patterns.com/

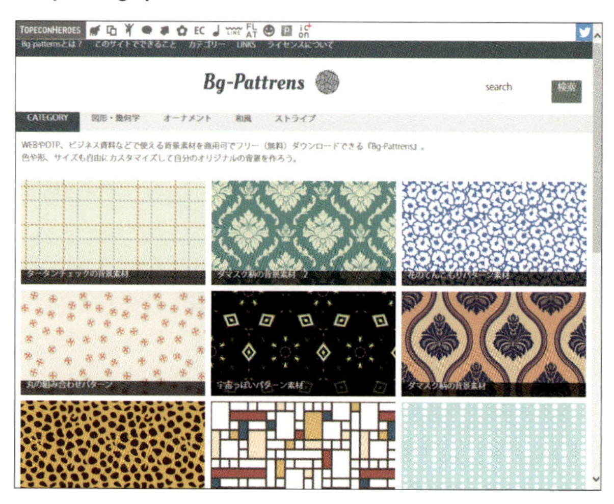

背景素材（継ぎ目のないパターン）を商用可で無料ダウンロードできるサイト。商用利用が可能で、クレジット表記や許可は不要。JPEG、PNG、SVGデータが用意されている。色やサイズ、パターンの大きさ、効果をカスタマイズすることもできる。

FREE LINE DESIGN

http://free-line-design.com/

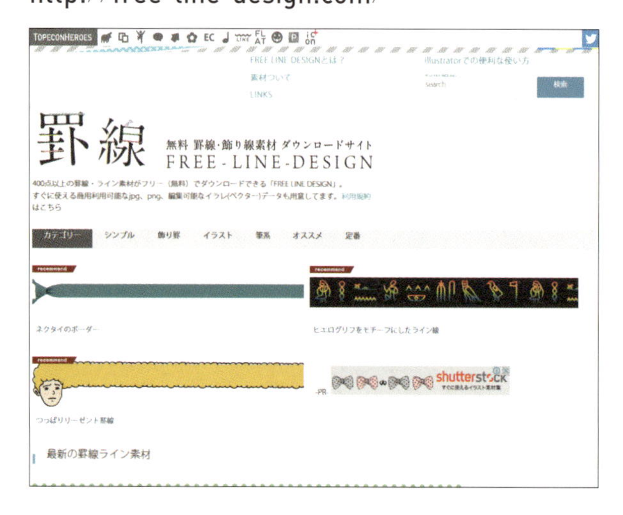

400点以上の罫線・ライン素材が無料でダウンロードできるサイト。商用利用が可能で、クレジット表記や許可は不要。JPEG、PNGデータのほか、Illustratorでブラシ登録して使えるベクターデータも提供されている。

フレームデザイン

http://frames-design.com/

飾り枠、飾り罫などのフレーム素材を無料でダウンロードできるサイト。商用利用が可能で、クレジット表記や許可は不要。IllustratorのAIデータがメインだが、JPEG、PNGデータも用意されている。

CHAPTER 6

見開きページのレイアウトバリエーション

見開きページにタイトル、リード、本文、写真、グラフ、表組みの要素をレイアウトすることを想定したバリエーションを紹介します。要素を大まかに「タイトル回り（リード含む）」「本文」「写真」「グラフや表組み」に分け、これらをどのようなバランスで、どの場所にレイアウトするかがポイントとなります。

CASE 1

文字と図版をページごとに分ける

TYPE A 横組み

野菜満載の生活で暮らそう。

身の回りを野菜で満たす
ベジタ"フル"ライフを暮らしに取り入れ
栄養素をふんだんに摂取しましょう。

野菜には大切な栄養素がたっぷり

野菜には人間に必要な多くの栄養素が含まれています。栄養素だけを摂取しようと考え込んでしまうと逆にストレスになってしまいます。自然と生活の中に野菜で満たされた暮らしに変えていくことで、自然に必要な栄養素をふんだんに摂取することができるようになります。

野菜の持つ栄養素のうち、ビタミンC、E、カロチンは美容に。細胞の老化を防止する効果、免疫力を高めて、風邪などの予防につながります。またビタミンAは皮膚や粘膜を健康に保ち、がんの予防に効果があるといわれています。さらにコレステロール値を下げたり便秘の解消や大腸がんの予防など内蔵に効果があります。

例えば、ハロウィンでも使われ、秋に美味しく食べられるかぼちゃの栄養素は皮に多く含まれわたに豊富に含まれています。さらに種には皮膚や髪、味覚などの障害を防止する亜鉛や、ミネラルが豊富に含まれています。食べるだけでなくかぼちゃを使ったアイテムや飾りとして使うことで、その野菜を消費し栄養素を吸収することに繋がります。さらに種には皮膚や髪、味覚などの障害を防止する亜鉛や、ミネラルが豊富に含まれています。

野菜には大切な栄養素がたっぷり

野菜には人間に必要な多くの栄養素が含まれています。栄養素だけを摂取しようと考え込んでしまうと逆にストレスになってしまいます。自然と生活の中に野菜で満たされた暮らしに変えていくことで、自然に必要な栄養素をふんだんに摂取することができるようになります。

野菜の持つ栄養素のうち、ビタミンC、E、カロチンは美容に。細胞の老化を防止する効果、免疫力を高めて、風邪などの予防につながります。またビタミンAは皮膚や粘膜を健康に保ち、がんの予防に効果があるといわれています。さらにコレステロール値を下げたり便秘の解消や大腸がんの予防など内蔵に効果があります。

例えば、ハロウィンでも使われ、秋に美味しく食べられるかぼちゃの栄養素は皮に多く含まれわたに豊富に含まれています。さらに種には皮膚や髪、味覚などの障害を防止する亜鉛や、ミネラルが豊富に含まれています。食べるだけでなくかぼちゃを使ったアイテムや飾りとして使うことで、その野菜を消費し栄養素を吸収することに繋がります。さらに種には皮膚や髪、味覚などの障害を防止する亜鉛や、ミネラルが豊富に含まれています。

1

キャプション野菜には人間に必要な多くの栄養素が含まれています。栄養素だけを摂取しようと考え込んでしまうと逆にストレスになってしまいます。

キャプション野菜には人間に必要な多くの栄養素が含まれています。栄養素だけを摂取しようと考え込んでしまうと逆にストレスになってしまいます。

キャプション野菜には人間に必要な多くの栄養素が含まれています。栄養素だけを摂取しようと考え込んでしまうと逆にストレスになってしまいます。

キャプション野菜には人間に必要な多くの栄養素が含まれています。栄養素だけを摂取しようと考え込んでしまうと逆にストレスになってしまいます。

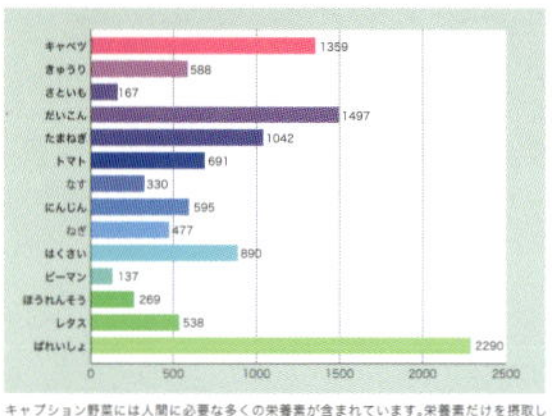

キャプション野菜には人間に必要な多くの栄養素が含まれています。栄養素だけを摂取しようと考え込んでしまうと逆にストレスになってしまいます。

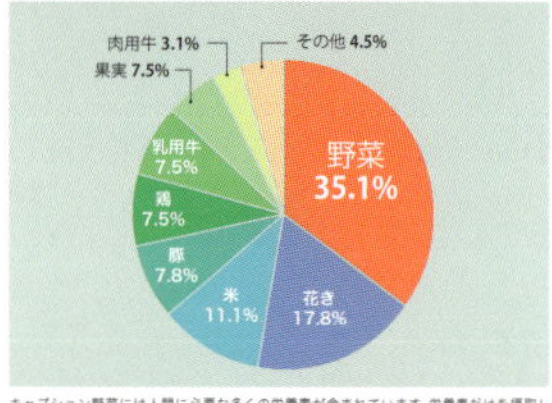

キャプション野菜には人間に必要な多くの栄養素が含まれています。栄養素だけを摂取しようと考え込んでしまうと逆にストレスになってしまいます。

野菜の種類	エネルギー (kcal)	カリウム (mg)	マグネシウム (mg)	豊富な栄養素
アスパラガス（ゆで）	24	260	12	ビタミンB2、ナイアシン
日本かぼちゃ（ゆで）	60	480	15	ビタミンB6、食物繊維
さつまいも（蒸し）	3	490	19	βカロテン、αトコフェロール
トマト（なま）	26	210	9	ルチノール、ビタミンC、ビタミンE
白菜（ゆで）	13	160	9	ビタミンC、βクリプトキサンチン
えだまめ（ゆで）	134	490	72	ビタミンB1、ビタミンA、食物繊維

キャプション野菜には人間に必要な多くの栄養素が含まれています。栄養素だけを摂取しようと考え込んでしまうと逆にストレスになってしまいます。

2

左ページに文字類を配置、右ページに図版類を配置と、明確に要素を分けた横組みのレイアウトです。左ページは、余白を生かしてタイトル回りをゆったりとレイアウトし、本文は3段組みとしました。できれば段組みごとに均等に行数を振り分けると見栄えがよくなります。
右ページは、左右に2分割し、図版の幅をグリッドに合わせてレイアウトしており、整然としていて見やすい印象になっています。

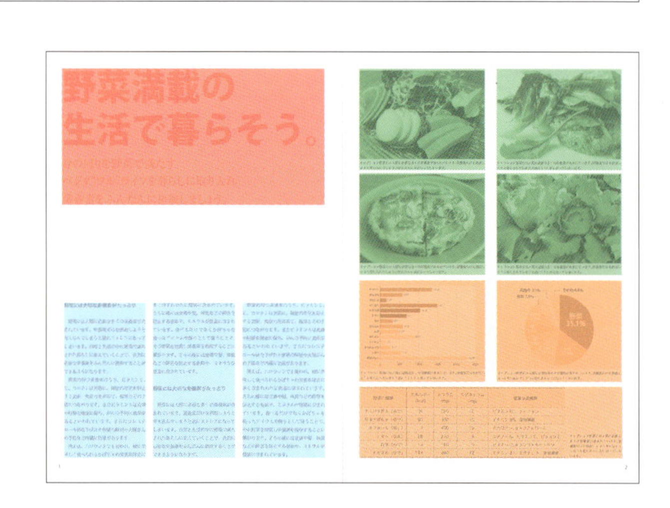

文字類（タイトルやリード、本文）を配置するページと、図版類（写真やグラフ、表）を配置するページを明確に分けたオーソドックスなレイアウトです。

ページごとにレイアウトが完結しており、本文と図版の関連付けや、視線誘導にさほど気を使わなくてもいいため、見た目のことだけを考えれば比較的失敗が少ないレイアウトといえます。ただ、本文と図版の関連性がわかりづらいため、本文中とキャプションに「図1」「表2」などと記載し、内容に該当する図版を参照しやすくするといった工夫が必要となるでしょう。

TYPE B 縦組み

野菜満載の生活で暮らそう。

身の回りを野菜で満たすベジタ〝フル〟ライフを暮らしに取り入れ栄養素をふんだんに摂取しましょう。

野菜には大切な栄養素がたっぷり

野菜には人間に必要な多くの栄養素が含まれています。栄養素だけを摂取しようと考え込んでしまうと逆にストレスになってしまいます。自然と生活の中に野菜で満たされた暮らしに変えていくことで、自然に必要な栄養素をふんだんに摂取することができるようになります。

野菜の持つ栄養素のうち、ビタミンC、E、カロチンは美容に。細胞の老化を防止する効果、免疫力を高めて、風邪などの予防につながります。またビタミンAは皮膚や粘膜を健康に保ち、がんの予防に効果があるといわれています。さらにコレステロール値を下げたり便秘の解消や大腸がんの予防など内蔵に効果があります。

例えば、ハロウィンでも使われ、秋に美味しく食べられるかぼちゃの栄養素は皮に多く含まれわたに豊富に含まれています。さらに種には皮膚や髪、味覚などの障害を防止する亜鉛や、ミネラルが豊富に含まれています。食べるだけでなくかぼちゃを使ったアイテムや飾りとして使うことで、その野菜を消費し栄養素を吸収することに繋がります。さらに種には皮膚や髪、味覚などの障害を防止する亜鉛や、ミネラルが豊富に含まれています。

野菜には大切な栄養素がたっぷり

野菜には人間に必要な多くの栄養素が含まれています。栄養素だけを摂取しようと考え込んでしまうと逆にストレスになってしまいます。自然と生活の中に野菜で満たされた暮らしに変えていくことで、自然に必要な栄養素をふんだんに摂取することができるようになります。

野菜の持つ栄養素のうち、ビタミンC、E、カロチンは美容に。細胞の老化を防止する効果、免疫力を高めて、風邪などの予防につながります。またビタミンAは皮膚や粘膜を健康に保ち、がんの予防に効果があるといわれています。さらにコレステロール値を下げたり便秘の解消や大腸がんの予防など内蔵に効果があります。

例えば、ハロウィンでも使われ、秋に美味しく食べられるかぼちゃの栄養素は皮に多く含まれわたに豊富に含まれています。さらに種には皮膚や髪、味覚などの障害を防止する亜鉛や、ミネラルが豊富に含まれています。食べるだけでなくかぼちゃを使ったアイテムや飾りとして使うことで、その野菜を消費し栄養素を吸収することに繋がります。さらに種には皮膚や髪、味覚などの障害を防止する亜鉛や、ミネラルが豊富に含まれています。

1

キャプション野菜には人間に必要な多くの栄養素が含まれています。栄養素だけを摂取しようと考え込んでしまいます。

キャプション野菜には人間に必要な多くの栄養素が含まれています。栄養素だけを摂取しようと考え込んでしまいます。

キャプション野菜には人間に必要な多くの栄養素が含まれています。栄養素だけを摂取しようと考え込んでしまいます。

キャプション野菜には人間に必要な多くの栄養素が含まれています。栄養素だけを摂取しようと考え込んでしまいます。

キャプション野菜には人間に必要な多くの栄養素が含まれています。栄養素だけを摂取しようと考え込んでしまうと逆にストレスになってしまいます。

キャプション野菜には人間に必要な多くの栄養素が含まれています。栄養素だけを摂取しようと考え込んでしまうと逆にストレスになってしまいます。

野菜の種類	エネルギー (kcal)	カリウム (mg)	マグネシウム (mg)	豊富な栄養素
アスパラガス（ゆで）	24	260	12	ビタミンB2、ナイアシン
日本かぼちゃ（ゆで）	60	480	15	ビタミンB6、食物繊維
さつまいも（蒸し）	3	490	19	βカロテン、αトコフェロール
トマト（なま）	26	210	9	ルチノール、ビタミンC、ビタミンE
白菜（ゆで）	13	160	9	ビタミンC、βクリプトキサンチン
えだまめ（ゆで）	134	490	72	ビタミンB1、ビタミンA、食物繊維

キャプション野菜には人間に必要な多くの栄養素が含まれています。栄養素だけを摂取しようと考え込んでしまうと逆にストレスになってしまいます。

2

右ページに文字類を配置、左ページに図版類を配置と、明確に要素を分けた縦組みのレイアウトです。右ページは、4段組みでタイトルを大きくして立たせるためスペースを3段分と多めに取り、それを回りこむように本文を組んでいます。
左ページは、写真を一点、思い切って裁ち落としで大きく用いることにより、TYPE A と比べると変化のあるレイアウトとなっています。

CASE 2

本文を下段（上段）に組む

TYPE A 横組み

キャプション野菜には人間に必要な多くの栄養素が含まれています。栄養素だけを摂取しようと考え込んでしまうと逆にストレスになってしまいます。

野菜満載の生活で暮らそう。

身の回りを野菜で満たす
ベジタ“フル”ライフを暮らしに取り入れ
栄養素をふんだんに摂取しましょう。

野菜には大切な栄養素がたっぷり

野菜には人間に必要な多くの栄養素が含まれています。栄養素だけを摂取しようと考え込んでしまうと逆にストレスになってしまいます。自然と生活の中に野菜で満たされた暮らしに変えていくことで、自然に必要な栄養素をふんだんに摂取することができるようになります。

野菜の持つ栄養素のうち、ビタミンC、E、カロチンは美容に。細胞の老化を防止する効果、免疫力を高めて、風邪などの予防につながります。またビタミンAは皮膚や粘膜を健康に保ち、がんの予防に効果があるといわれています。さらにコレステロール値を下げたり便秘の解消や大腸がんの予防など内蔵に効果があります。

例えば、ハロウィンでも使われ、秋に美味しく食べられるかぼちゃの栄養素は皮に多く含まれわたに豊富に含まれています。さらに種には皮膚や髪、味覚などの障害を防止する亜鉛や、ミネラルが豊富に含まれています。食べるだけでなくかぼちゃを使ったアイテムや飾りとして使うことで、その野菜を消費し栄養素を吸収することに繋がります。さらに種には皮膚や髪、味覚などの障害を防止する亜鉛や、ミネラルが豊富に含まれています。

1

キャプション野菜には人間に必要な多くの栄養素が含まれています。栄養素だけを摂取しようとなってしまいます。

キャプション野菜には人間に必要な多くの栄養素が含まれています。栄養素だけを摂取しようとなってしまいます。

キャプション野菜には人間に必要な多くの栄養素が含まれています。栄養素だけを摂取しようとなってしまいます。

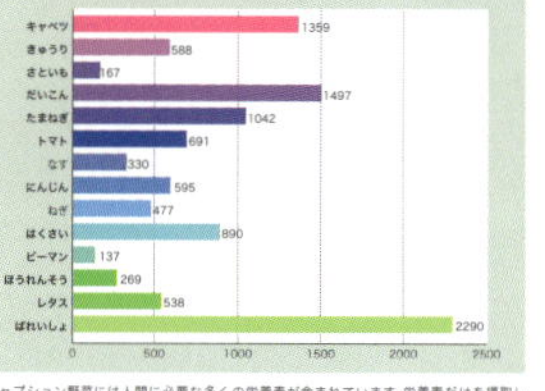

キャプション野菜には人間に必要な多くの栄養素が含まれています。栄養素だけを摂取しようと考え込んでしまうと逆にストレスになってしまいます。

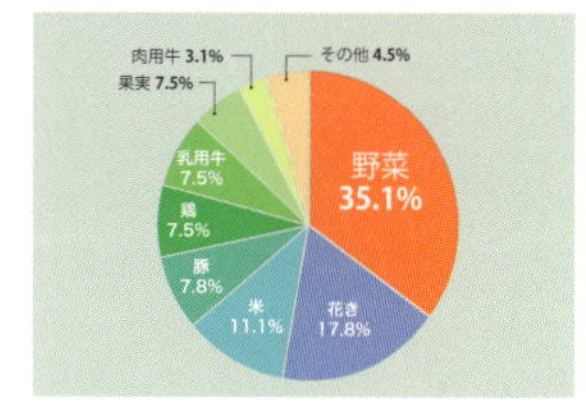

キャプション野菜には人間に必要な多くの栄養素が含まれています。栄養素だけを摂取しようと考え込んでしまうと逆にストレスになってしまいます。

野菜の種類	エネルギー (kcal)	カリウム (mg)	マグネシウム (mg)	豊富な栄養素
アスパラガス（ゆで）	24	260	12	ビタミンB2、ナイアシン
日本かぼちゃ（ゆで）	60	480	15	ビタミンB6、食物繊維
さつまいも（蒸し）	3	490	19	βカロテン、αトコフェロール
トマト（なま）	26	210	9	ルチノール、ビタミンC、ビタミンE
白菜（ゆで）	13	160	9	ビタミンC、βクリプトキサンチン
えだまめ（ゆで）	134	490	72	ビタミンB1、ビタミンA、食物繊維

キャプション野菜には人間に必要な多くの栄養素が含まれています。栄養素だけを摂取しようと考え込んでしまうと逆にストレスになってしまいます。

野菜には大切な栄養素がたっぷり

野菜には人間に必要な多くの栄養素が含まれています。栄養素だけを摂取しようと考え込んでしまうと逆にストレスになってしまいます。自然と生活の中に野菜で満たされた暮らしに変えていくことで、自然に必要な栄養素をふんだんに摂取することができるようになります。

野菜の持つ栄養素のうち、ビタミンC、E、カロチンは美容に。細胞の老化を防止する効果、免疫力を高めて、風邪などの予防につながります。またビタミンAは皮膚や粘膜を健康に保ち、がんの予防に効果があるといわれています。さらにコレステロール値を下げたり便秘の解消や大腸がんの予防など内蔵に効果があります。

例えば、ハロウィンでも使われ、秋に美味しく食べられるかぼちゃの栄養素は皮に多く含まれわたに豊富に含まれています。さらに種には皮膚や髪、味覚などの障害を防止する亜鉛や、ミネラルが豊富に含まれています。食べるだけでなくかぼちゃを使ったアイテムや飾りとして使うことで、その野菜を消費し栄養素を吸収することに繋がります。さらに種には皮膚や髪、味覚などの障害を防止する亜鉛や、ミネラルが豊富に含まれています。

2

下段に横組み本文を、上部の残りスペースにタイトル回りと図版類をレイアウト。本文は読みやすさに配慮し、1行あたりの文字数が多くなり過ぎないよう3段組みにしました。
タイトルはシンプルに左ページの左上に置いてもいいですが、ここでは上部にアイキャッチ的に写真を配置し、タイトル部分に目が留まりやすくしています。

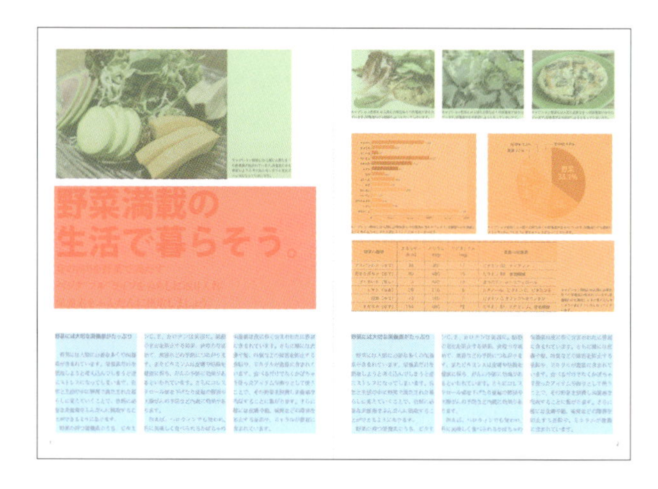

本文を見開きにまたがって下段に組んで、タイトル回りや図版類を残りのスペースにレイアウトしたバリエーションです。横組みなら左から右へ、縦組みなら右から左へ、スムーズに視線誘導が行えるのが利点です。CASE 1と比べ、本文を読みながら流れで図版を目で追えるので、本文と図版の関連性もある程度わかりやすくなります。

ここでは本文を下段に組んだ作例を掲載していますが、上段に組むことも可能です。本文の位置に見た目の重心が置かれるので、下段に本文を組んだほうが全体的に安定感が生まれるでしょう。

TYPE B 縦組み

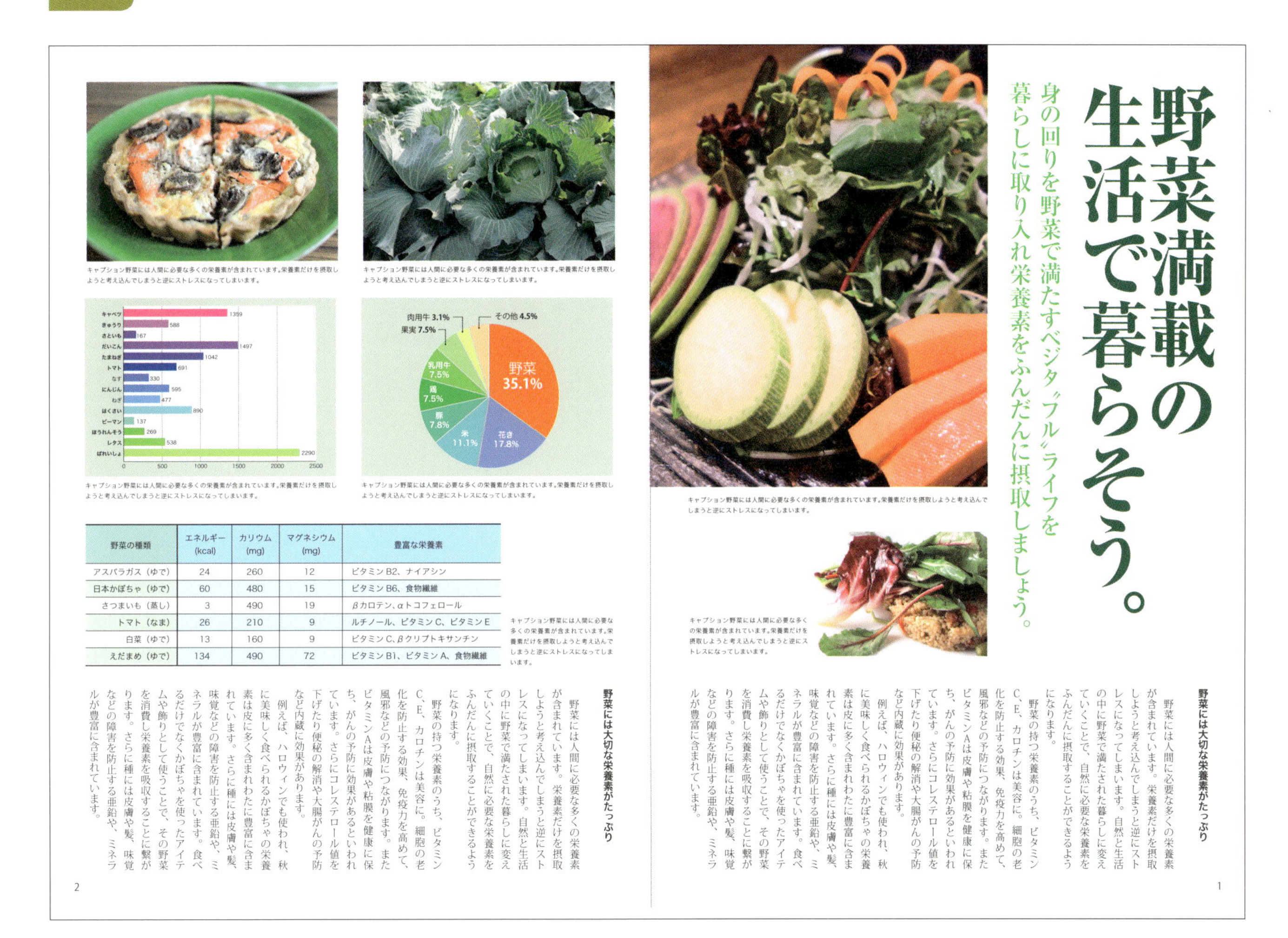

野菜満載の生活で暮らそう。

身の回りを野菜で満たすベジタ〝ブル〟ライフを暮らしに取り入れ栄養素をふんだんに摂取しましょう。

キャプション野菜には人間に必要な多くの栄養素が含まれています。栄養素だけを摂取しようと考え込んでしまうと逆にストレスになってしまいます。

キャプション野菜には人間に必要な多くの栄養素が含まれています。栄養素だけを摂取しようと考え込んでしまうと逆にストレスになってしまいます。

野菜には大切な栄養素がたっぷり

野菜には人間に必要な多くの栄養素が含まれています。栄養素だけを摂取しようと考え込んでしまうと逆にストレスになってしまいます。自然と生活の中に野菜で満たされた暮らしに変えていくことで、自然に必要な栄養素をふんだんに摂取することができるようになります。

野菜の持つ栄養素のうち、ビタミンC、E、カロチンは美容に。細胞の老化を防止する効果、免疫力を高めて、風邪などの予防につながります。またビタミンAは皮膚や粘膜を健康に保ち、がんの予防に効果があるといわれています。さらにコレステロール値を下げたり便秘の解消や大腸がんの予防など内蔵に効果があります。

例えば、ハロウィンでも使われ、秋に美味しく食べられるかぼちゃの栄養素は皮に多く含まれわたに豊富に含まれています。さらに種には皮膚や髪、味覚などの障害を防止する亜鉛や、ミネラルが豊富に含まれています。食べるだけでなくかぼちゃを使ったアイテムや飾りとして使うことで、その野菜を消費し栄養素を吸収することに繋がります。さらに種には皮膚や髪、味覚などの障害を防止する亜鉛や、ミネラルが豊富に含まれています。

1

キャプション野菜には人間に必要な多くの栄養素が含まれています。栄養素だけを摂取しようと考え込んでしまうと逆にストレスになってしまいます。

キャプション野菜には人間に必要な多くの栄養素が含まれています。栄養素だけを摂取しようと考え込んでしまうと逆にストレスになってしまいます。

キャプション野菜には人間に必要な多くの栄養素が含まれています。栄養素だけを摂取しようと考え込んでしまうと逆にストレスになってしまいます。

キャプション野菜には人間に必要な多くの栄養素が含まれています。栄養素だけを摂取しようと考え込んでしまうと逆にストレスになってしまいます。

野菜の種類	エネルギー(kcal)	カリウム(mg)	マグネシウム(mg)	豊富な栄養素
アスパラガス（ゆで）	24	260	12	ビタミンB2、ナイアシン
日本かぼちゃ（ゆで）	60	480	15	ビタミンB6、食物繊維
さつまいも（蒸し）	3	490	19	βカロテン、αトコフェロール
トマト（なま）	26	210	9	ルチノール、ビタミンC、ビタミンE
白菜（ゆで）	13	160	9	ビタミンC、βクリプトキサンチン
えだまめ（ゆで）	134	490	72	ビタミンB1、ビタミンA、食物繊維

キャプション野菜には人間に必要な多くの栄養素が含まれています。栄養素だけを摂取しようと考え込んでしまうと逆にストレスになってしまいます。

野菜には大切な栄養素がたっぷり

野菜には人間に必要な多くの栄養素が含まれています。栄養素だけを摂取しようと考え込んでしまうと逆にストレスになってしまいます。自然と生活の中に野菜で満たされた暮らしに変えていくことで、自然に必要な栄養素をふんだんに摂取することができるようになります。

野菜の持つ栄養素のうち、ビタミンC、E、カロチンは美容に。細胞の老化を防止する効果、免疫力を高めて、風邪などの予防につながります。またビタミンAは皮膚や粘膜を健康に保ち、がんの予防に効果があるといわれています。さらにコレステロール値を下げたり便秘の解消や大腸がんの予防など内蔵に効果があります。

例えば、ハロウィンでも使われ、秋に美味しく食べられるかぼちゃの栄養素は皮に多く含まれわたに豊富に含まれています。さらに種には皮膚や髪、味覚などの障害を防止する亜鉛や、ミネラルが豊富に含まれています。食べるだけでなくかぼちゃを使ったアイテムや飾りとして使うことで、その野菜を消費し栄養素を吸収することに繋がります。さらに種には皮膚や髪、味覚などの障害を防止する亜鉛や、ミネラルが豊富に含まれています。

2

下段に縦組み本文を、上部の残りスペースにタイトル回りと図版類をレイアウト。本文は読みやすさに配慮し、1行あたりの文字数が多くなり過ぎないように注意しましょう。

この場合タイトル回りは、視線誘導と全体のバランスの両面から考えると、右上に配置するのがセオリーです。また、右ページにメインとなる写真を裁ち落としで大きめに用いて変化をつけています。

CASE 3

本文を中央に組む

TYPE A　横組み

野菜満載の生活で暮らそう。

身の回りを野菜で満たす
ベジタ"フル"ライフを暮らしに取り入れ
栄養素をふんだんに摂取しましょう。

野菜には大切な栄養素がたっぷり

野菜には人間に必要な多くの栄養素が含まれています。栄養素だけを摂取しようと考え込んでしまうと逆にストレスになってしまいます。自然と生活の中に野菜で満たされた暮らしに変えていくことで、自然に必要な栄養素をふんだんに摂取することができるようになります。

野菜の持つ栄養素のうち、ビタミンC、E、カロチンは美容に。細胞の老化を防止する効果、免疫力を高めて、風邪などの予防につながります。またビタミンAは皮膚や粘膜を健康に保ち、がんの予防に効果があるといわれています。さらにコレステロール値を下げたり便秘の解消や大腸がんの予防など内蔵に効果があります。

例えば、ハロウィンでも使われ、秋に美味しく食べられるかぼちゃの栄養素は皮に多く含まれわたに豊富に含まれています。さらに種には皮膚や髪、味覚などの障害を防止する亜鉛や、ミネラルが豊富に含まれています。食べるだけでなくかぼちゃを使ったアイテムや飾りとして使うことで、その野菜を消費し栄養素を吸収することに繋がります。さらに種には皮膚や髪、味覚などの障害を防止する亜鉛や、ミネラルが豊富に含まれています。

キャプション野菜には人間に必要な多くの栄養素が含まれています。栄養素だけを摂取しようと考え込んでしまうと逆にストレスになってしまいます。

キャプション野菜には人間に必要な多くの栄養素が含まれています。栄養素だけを摂取しようとなってしまいます。

キャプション野菜には人間に必要な多くの栄養素が含まれています。栄養素だけを摂取しようとなってしまいます。

1

キャプション野菜には人間に必要な多くの栄養素が含まれています。栄養素だけを摂取しようと考え込んでしまうと逆にストレスになってしまいます。

野菜には大切な栄養素がたっぷり

野菜には人間に必要な多くの栄養素が含まれています。栄養素だけを摂取しようと考え込んでしまうと逆にストレスになってしまいます。自然と生活の中に野菜で満たされた暮らしに変えていくことで、自然に必要な栄養素をふんだんに摂取することができるようになります。

野菜の持つ栄養素のうち、ビタミンC、E、カロチンは美容に。細胞の老化を防止する効果、免疫力を高めて、風邪などの予防につながります。またビタミンAは皮膚や粘膜を健康に保ち、がんの予防に効果があるといわれています。さらにコレステロール値を下げたり便秘の解消や大腸がんの予防など内蔵に効果があります。

例えば、ハロウィンでも使われ、秋に美味しく食べられるかぼちゃの栄養素は皮に多く含まれわたに豊富に含まれています。さらに種には皮膚や髪、味覚などの障害を防止する亜鉛や、ミネラルが豊富に含まれています。食べるだけでなくかぼちゃを使ったアイテムや飾りとして使うことで、その野菜を消費し栄養素を吸収することに繋がります。さらに種には皮膚や髪、味覚などの障害を防止する亜鉛や、ミネラルが豊富に含まれています。

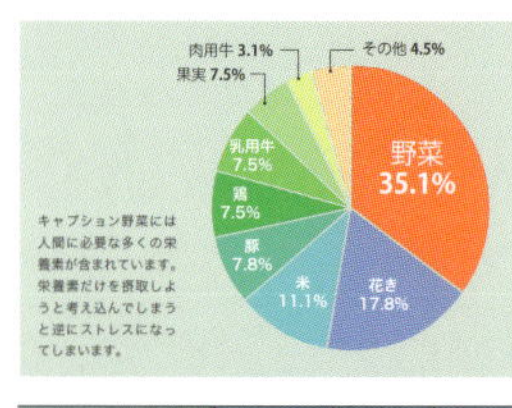

キャプション野菜には人間に必要な多くの栄養素が含まれています。栄養素だけを摂取しようと考え込んでしまうと逆にストレスになってしまいます。

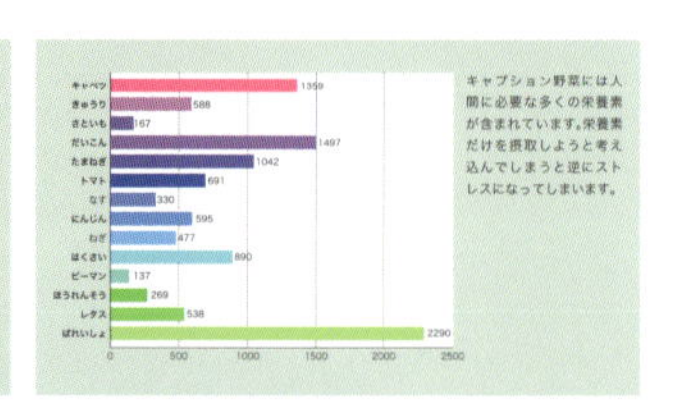

キャプション野菜には人間に必要な多くの栄養素が含まれています。栄養素だけを摂取しようと考え込んでしまうと逆にストレスになってしまいます。

野菜の種類	エネルギー (kcal)	カリウム (mg)	マグネシウム (mg)	豊富な栄養素
アスパラガス（ゆで）	24	260	12	ビタミンB2、ナイアシン
日本かぼちゃ（ゆで）	60	480	15	ビタミンB6、食物繊維
さつまいも（蒸し）	3	490	19	βカロテン、αトコフェロール
トマト（なま）	26	210	9	ルチノール、ビタミンC、ビタミンE
白菜（ゆで）	13	160	9	ビタミンC、βクリプトキサンチン
えだまめ（ゆで）	134	490	72	ビタミンB1、ビタミンA、食物繊維

キャプション野菜には人間に必要な多くの栄養素が含まれています。栄養素だけを摂取しようと考え込んでしまうと逆にストレスになってしまいます。

2

中央やや上寄りに横組み本文を、上下のスペースにタイトル回りと図版類をレイアウト。本文は**CASE 2**と同様に3段組みとしており、左ページ下部の写真の配置を段幅に揃えたことで整って見えます。
上部は見開きにまたがったタイトル回りのような考え方をして、左ページにタイトルを置き、右ページにイメージカットのような役割で1点の写真を用いました。

本文を見開きにまたがってほぼ中央部に組み、タイトル回りや図版類を上下のスペースにレイアウトしたバリエーションです。

CASE 2と同様、本文については比較的スムーズに視線を誘導できます。一方で、図版類は上下左右に分けてレイアウトすることになるので、該当する文章のできるだけ近くに図版を置いたり、**CASE 1**と同様に「図1」「表2」などの補足が必要となります。メインとなる写真を大きく扱いたい場合より、細かな図版類をたくさん載せたい場合に有効なレイアウトといえます。

TYPE B 縦組み

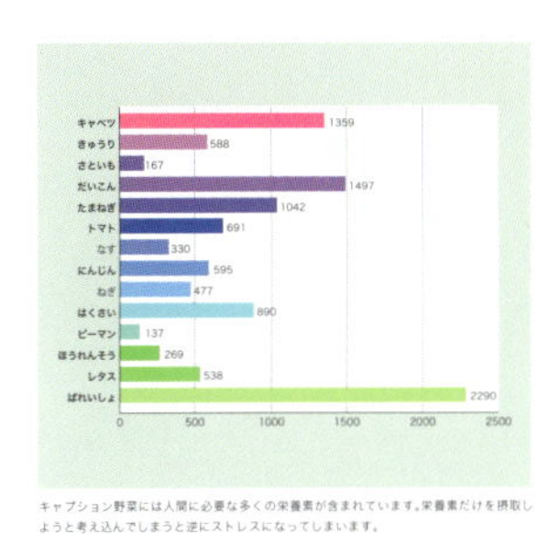

キャプション野菜には人間に必要な多くの栄養素が含まれています。栄養素だけを摂取しようと考え込んでしまうと逆にストレスになってしまいます。

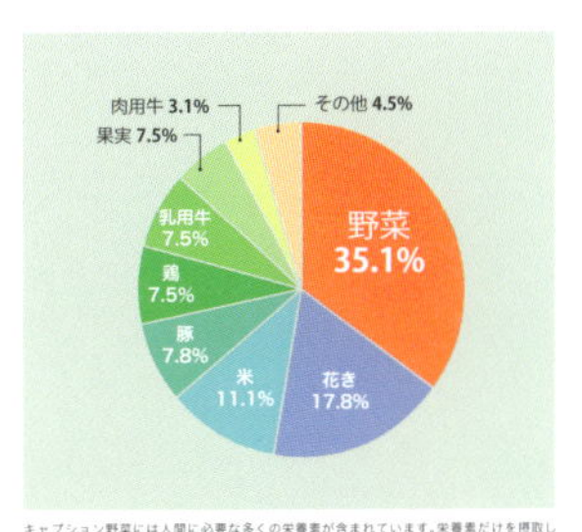

キャプション野菜には人間に必要な多くの栄養素が含まれています。栄養素だけを摂取しようと考え込んでしまうと逆にストレスになってしまいます。

野菜満載の生活で暮らそう。

身の回りを野菜で満たす
ベジタ"フル"ライフを暮らしに取り入れ
栄養素をふんだんに摂取しましょう。

野菜には大切な栄養素がたっぷり

野菜には人間に必要な多くの栄養素が含まれています。栄養素だけを摂取しようと考え込んでしまうと逆にストレスになってしまいます。自然と生活の中に野菜で満たされた暮らしに変えていくことで、自然に必要な栄養素をふんだんに摂取することができるようになります。

野菜の持つ栄養素のうち、ビタミンC、E、カロチンは美容に。細胞の老化を防止する効果、免疫力を高めて、風邪などの予防につながります。またビタミンAは皮膚や粘膜を健康に保ち、がんの予防に効果があるといわれています。さらにコレステロール値を下げたり便秘の解消や大腸がんの予防など内蔵に効果があります。

例えば、ハロウィンでも使われ、秋に美味しく食べられるかぼちゃの栄養素は皮に多く含まれわたに豊富に含まれています。さらに種には皮膚や髪、味覚などの障害を防止する亜鉛や、ミネラルが豊富に含まれています。食べるだけでなくかぼちゃを使ったアイテムや飾りとして使うことで、その野菜を消費し栄養素を吸収することに繋がります。さらに種には皮膚や髪、味覚などの障害を防止する亜鉛や、ミネラルが豊富に含まれています。

野菜には大切な栄養素がたっぷり

野菜には人間に必要な多くの栄養素が含まれています。栄養素だけを摂取しようと考え込んでしまうと逆にストレスになってしまいます。自然と生活の中に野菜で満たされた暮らしに変えていくことで、自然に必要な栄養素をふんだんに摂取することができるようになります。

野菜の持つ栄養素のうち、ビタミンC、E、カロチンは美容に。細胞の老化を防止する効果、免疫力を高めて、風邪などの予防につながります。またビタミンAは皮膚や粘膜を健康に保ち、がんの予防に効果があるといわれています。さらにコレステロール値を下げたり便秘の解消や大腸がんの予防など内蔵に効果があります。

例えば、ハロウィンでも使われ、秋に美味しく食べられるかぼちゃの栄養素は皮に多く含まれわたに豊富に含まれています。さらに種には皮膚や髪、味覚などの障害を防止する亜鉛や、ミネラルが豊富に含まれています。食べるだけでなくかぼちゃを使ったアイテムや飾りとして使うことで、その野菜を消費し栄養素を吸収することに繋がります。さらに種には皮膚や髪、味覚などの障害を防止する亜鉛や、ミネラルが豊富に含まれています。

野菜の種類	エネルギー (kcal)	カリウム (mg)	マグネシウム (mg)	豊富な栄養素
アスパラガス（ゆで）	24	260	12	ビタミンB2、ナイアシン
日本かぼちゃ（ゆで）	60	480	15	ビタミンB6、食物繊維
さつまいも（蒸し）	3	490	19	βカロテン、αトコフェロール
トマト（なま）	26	210	9	ルチノール、ビタミンC、ビタミンE
白菜（ゆで）	13	160	9	ビタミンC、βクリプトキサンチン
えだまめ（ゆで）	134	490	72	ビタミンB1、ビタミンA、食物繊維

キャプション野菜には人間に必要な多くの栄養素が含まれています。栄養素だけを摂取しようと考え込んでしまうと逆にストレスになってしまいます。

2

キャプション野菜には人間に必要な多くの栄養素が含まれています。栄養素だけを摂取しようと考え込んでしまうと逆にストレスになってしまいます。

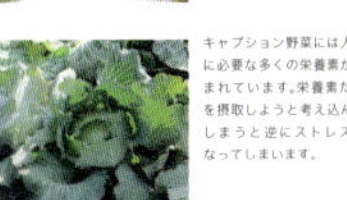

キャプション野菜には人間に必要な多くの栄養素が含まれています。栄養素だけを摂取しようと考え込んでしまうと逆にストレスになってしまいます。

中央に縦組み本文を、上下のスペースにタイトル回りと図版類をレイアウト。本文は縦組みですが、このようなレイアウトであればタイトルは横組みでも成立します。
図版類は、右ページ上はイメージカット、下は写真、左ページ上はグラフ類、下は表組みといったように分類し、それぞれをまとめてレイアウトしました。

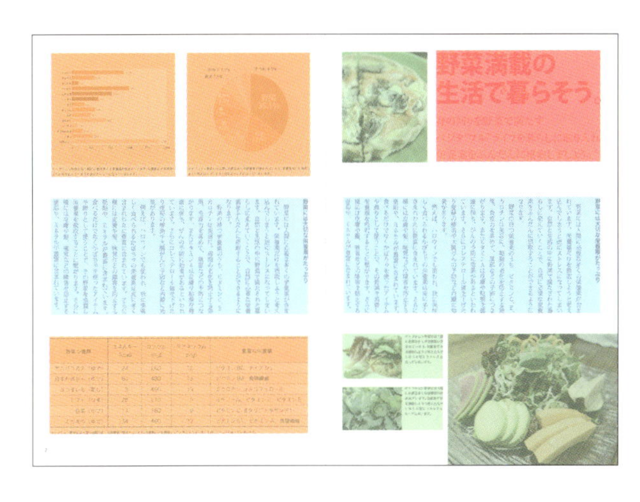

CASE 4

本文を左右（上下）両端に組む

TYPE A 横組み

野菜満載の生活で暮らそう。

身の回りを野菜で満たす
ベジタ“フル”ライフを暮らしに取り入れ
栄養素をふんだんに摂取しましょう。

野菜には大切な栄養素がたっぷり

野菜には人間に必要な多くの栄養素が含まれています。栄養素だけを摂取しようと考え込んでしまうと逆にストレスになってしまいます。自然と生活の中に野菜で満たされた暮らしに変えていくことで、自然に必要な栄養素をふんだんに摂取することができるようになります。

野菜の持つ栄養素のうち、ビタミンC、E、カロチンは美容に。細胞の老化を防止する効果、免疫力を高めて、風邪などの予防につながります。またビタミンAは皮膚や粘膜を健康に保ち、がんの予防に効果があるといわれています。さらにコレステロール値を下げたり便秘の解消や大腸がんの予防など内蔵に効果があります。

例えば、ハロウィンでも使われ、秋に美味しく食べられるかぼちゃの栄養素は皮に多く含まれわたに豊富に含まれています。さらに種には皮膚や髪、味覚などの障害を防止する亜鉛や、ミネラルが豊富に含まれています。食べるだけでなくかぼちゃを使ったアイテムや飾りとして使うことで、その野菜を消費し栄養素を吸収することに繋がります。さらに種には皮膚や髪、味覚などの障害を防止する亜鉛や、ミネラルが豊富に含まれています。

キャプション野菜には人間に必要な多くの栄養素が含まれています。栄養素だけを摂取しようと考え込んでしまうと逆にストレスになってしまいます。

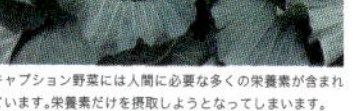

キャプション野菜には人間に必要な多くの栄養素が含まれています。栄養素だけを摂取しようとなってしまいます。

キャプション野菜には人間に必要な多くの栄養素が含まれています。栄養素だけを摂取しようとなってしまいます。

1

キャプション野菜には人間に必要な多くの栄養素が含まれています。栄養素だけを摂取しようと考え込んでしまうと逆にストレスになってしまいます。

キャプション野菜には人間に必要な多くの栄養素が含まれています。栄養素だけを摂取しようと考え込んでしまうと逆にストレスになってしまいます。

キャプション野菜には人間に必要な多くの栄養素が含まれています。栄養素だけを摂取しようと考え込んでしまうと逆にストレスになってしまいます。

野菜の種類	エネルギー (kcal)	カリウム (mg)	マグネシウム (mg)	豊富な栄養素
アスパラガス（ゆで）	24	260	12	ビタミンB2、ナイアシン
日本かぼちゃ（ゆで）	60	480	15	ビタミンB6、食物繊維
さつまいも（蒸し）	3	490	19	βカロテン、αトコフェロール
トマト（なま）	26	210	9	ルチノール、ビタミンC、ビタミンE
白菜（ゆで）	13	160	9	ビタミンC、βクリプトキサンチン
えだまめ（ゆで）	134	490	72	ビタミンB1、ビタミンA、食物繊維

キャプション野菜には人間に必要な多くの栄養素が含まれています。栄養素だけを摂取しようと考え込んでしまうと逆にストレスになってしまいます。

野菜には大切な栄養素がたっぷり

野菜には人間に必要な多くの栄養素が含まれています。栄養素だけを摂取しようと考え込んでしまうと逆にストレスになってしまいます。自然と生活の中に野菜で満たされた暮らしに変えていくことで、自然に必要な栄養素をふんだんに摂取することができるようになります。

野菜の持つ栄養素のうち、ビタミンC、E、カロチンは美容に。細胞の老化を防止する効果、免疫力を高めて、風邪などの予防につながります。またビタミンAは皮膚や粘膜を健康に保ち、がんの予防に効果があるといわれています。さらにコレステロール値を下げたり便秘の解消や大腸がんの予防など内蔵に効果があります。

例えば、ハロウィンでも使われ、秋に美味しく食べられるかぼちゃの栄養素は皮に多く含まれわたに豊富に含まれています。さらに種には皮膚や髪、味覚などの障害を防止する亜鉛や、ミネラルが豊富に含まれています。食べるだけでなくかぼちゃを使ったアイテムや飾りとして使うことで、その野菜を消費し栄養素を吸収することに繋がります。さらに種には皮膚や髪、味覚などの障害を防止する亜鉛や、ミネラルが豊富に含まれています。

2

左右両端に横組み本文を、中央部分に図版類をレイアウト。本文は3段組みのうち、1段分を使用し、タイトルとリードは見開き左右にわたって上部にスペースをとってゆったりとレイアウトしました。
本文の段組みが離れており読みやすいとはいえないので、何ページにもわたって本文が続くような制作物には向きません。見開きで内容が完結する場合の採用が好ましいでしょう。

本文を見開き左右（上下）両端に組み、タイトル回りや図版類を残りのスペースにレイアウトしたバリエーションです。

文字数が多い場合など、文字による圧迫感を最小限に抑えることができるレイアウトです。また、中央部にまとまった広めのスペースを取れるので、図版のレイアウトについては自由度があり、配置しやすいでしょう。ただ、段組みが離れており視線が飛んでしまうため、本文の読みやすさにやや難があります。できるだけ、片側の段で区切りのよい文章にしたり、場合によっては読み進める方向を示す矢印（↗や↘）などを末尾につけるなどの工夫が必要となるでしょう。

TYPE B 縦組み

野菜満載の生活で暮らそう。

身の回りを野菜で満たすベジタ"ブル"ライフを暮らしに取り入れ栄養素をふんだんに摂取しましょう。

野菜には大切な栄養素がたっぷり

野菜には人間に必要な多くの栄養素が含まれています。栄養素だけを摂取しようと考え込んでしまうと逆にストレスになってしまいます。自然と生活の中に野菜で満たされた暮らしに変えていくことで、自然に必要な栄養素をふんだんに摂取することができるようになります。

野菜の持つ栄養素のうち、ビタミンC、E、カロチンは美容に。細胞の老化を防止する効果、免疫力を高めて、風邪などの予防につながります。またビ

キャプション野菜には人間に必要な多くの栄養素が含まれています。栄養素だけを摂取しようと考え込んでしまうと逆にストレスになってしまいます。

でも使われ、秋に美味しく食べられるかぼちゃの栄養素は皮に多く含まれわたに豊富に含まれています。さらに種には皮膚や髪、味覚などの障害を防止する亜鉛や、ミネラルが豊富に含まれています。食べるだけでなくかぼちゃを使ったアイテムや飾りとして使うことで、その野菜を消費し栄養素を吸収することに繋がります。

野菜には大切な栄養素がたっぷり

野菜には人間に必要な多くの栄養素が含まれています。栄養素だけを摂取しようと考え込んでしまうと逆にストレスになってしまいます。自然と生活の中に野菜で満たされた暮らしに変えていくことで、自然に必要な栄養素をふんだんに摂取することができるようになります。

野菜の持つ栄養素のうち、ビタミンC、E、カロチンは美容に。細胞の老化を防止する効果、免疫力を高めて、風邪などの予防につながります。またビタミンAは皮膚や粘膜を健康に保ち、がんの予防に効果があるといわれています。さらにコレステロール値を下げたり便秘の解消や大腸がんの予防など内蔵に効果があります。

例えば、ハロウィンでも使われ、秋

1

タミンAは皮膚や粘膜を健康に保ち、がんの予防に効果があるといわれています。さらにコレステロール値を下げたり便秘の解消や大腸がんの予防など内蔵に効果があります。

例えば、ハロウィンでも使われ、秋に美味しく食べられるかぼちゃの栄養素は皮に多く含まれわたに豊富に含まれています。さらに種には皮膚や髪、味覚などの障害を防止する亜鉛や、ミネラルが豊富に含まれています。食べるだけでなくかぼちゃを使ったアイテムや飾りとして使うことで、その野菜を消費し栄養素を吸収することに繋がります。さらに種には皮膚や髪、味覚などの障害を防止する亜鉛や、ミネラルが豊富に含まれています。

野菜には大切な栄養素がたっぷり

野菜の持つ栄養素のうち、ビタミンC、E、カロチンは美容に。細胞の老化を防止する効果、免疫力を高めて、風邪などの予防につながります。またビタミンAは皮膚や粘膜を健康に保ち、がんの予防に効果があるといわれています。さらにコレステロール値を下げたり便秘の解消や大腸がんの予防など内蔵に効果があり、ミネラルが豊富に含まれています。例えば、ハロウィン

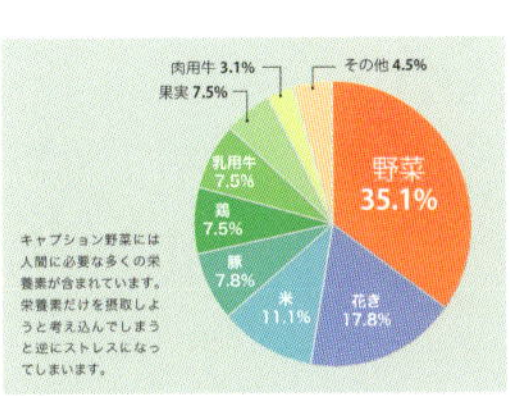

キャプション野菜には人間に必要な多くの栄養素が含まれています。栄養素だけを摂取しようと考え込んでしまうと逆にストレスになってしまいます。

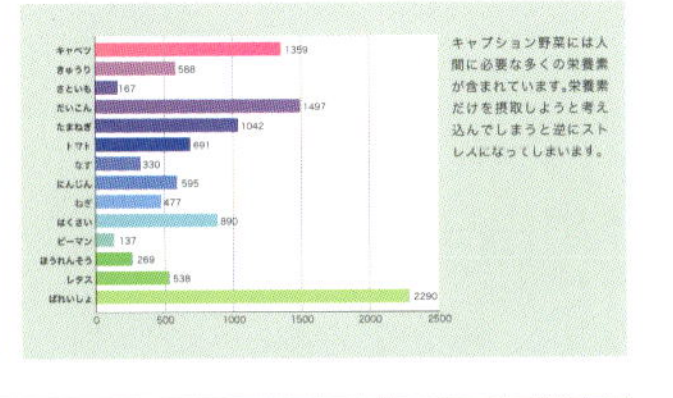

キャプション野菜には人間に必要な多くの栄養素が含まれています。栄養素だけを摂取しようと考え込んでしまうと逆にストレスになってしまいます。

野菜の種類	エネルギー (kcal)	カリウム (mg)	マグネシウム (mg)	豊富な栄養素
アスパラガス（ゆで）	24	260	12	ビタミンB2、ナイアシン
日本かぼちゃ（ゆで）	60	480	15	ビタミンB6、食物繊維
さつまいも（蒸し）	3	490	19	βカロテン、αトコフェロール
トマト（なま）	26	210	9	ルチノール、ビタミンC、ビタミンE
白菜（ゆで）	13	160	9	ビタミンC、βクリプトキサンチン
えだまめ（ゆで）	134	490	72	ビタミンB1、ビタミンA、食物繊維

に美味しく食べられるかぼちゃの栄養素は皮に多く含まれわたに豊富に含まれています。さらに種には皮膚や髪、味覚などの障害を防止する亜鉛や、ミネラルが豊富に含まれています。食べるだけでなくかぼちゃを使ったアイテムや飾りとして使うことで、その野菜を消費し栄養素を吸収することに繋がります。さらに種には皮膚や髪、味覚などの障害を防止する亜鉛や、ミネラルが豊富に含まれています。

野菜には大切な栄養素がたっぷり

自然と生活の中に野菜で満たされた暮らしに変えていくことで、自然に必要な栄養素をふんだんに摂取することができるようになります。例えば、ハロウィンでも使われ、秋に美味しく食べられるかぼちゃの栄養素は皮に多く含まれわたに豊富に含まれています。さらに種には皮膚や髪、味覚などの障害を防止する亜鉛や、ミネラルが豊富に含まれています。食べるだけでなくかぼちゃを使ったアイテムや飾りとして使うことで、その野菜を消費し栄養素を吸収することに繋がります。さらに種には皮膚や髪、味覚などの障害を防止する亜鉛や、ミネラルが豊富に含まれています。

2

TYPE Aより本文の文字数が多い想定で、上下両端に縦組み本文を、中央部分に図版類をレイアウト。文字数が多いとき、本文をまとめて配置すると見た目に圧迫感を与えがちですが、このように上下に段を分けると緩和されます。
タイトル回りはオーソドックスに右上に配置しました。TYPE Aと同様、視線誘導がやや気になりますが、雑誌などでも比較的よく見られるレイアウトです。

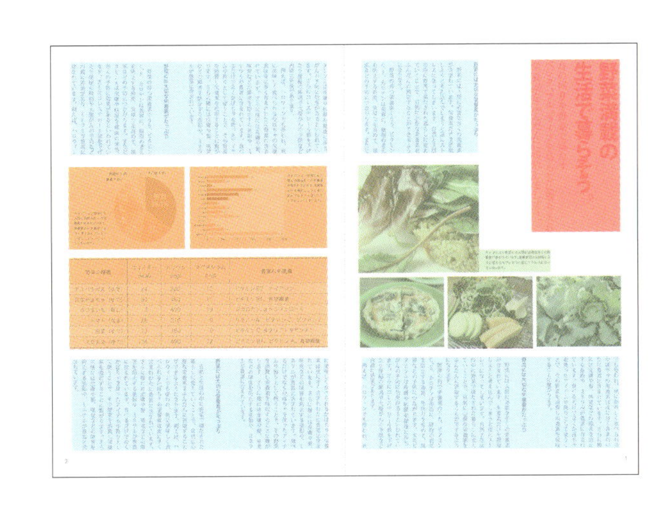

CASE 5

写真を全面に配置して扉ページにする

TYPE A 横組み

野菜には大切な栄養素がたっぷり

野菜には人間に必要な多くの栄養素が含まれています。栄養素だけを摂取しようと考え込んでしまうと逆にストレスになってしまいます。自然と生活の中に野菜で満たされた暮らしに変えていくことで、自然に必要な栄養素をふんだんに摂取することができるようになります。

野菜の持つ栄養素のうち、ビタミンC、E、カロチンは美容に。細胞の老化を防止する効果、免疫力を高めて、風邪などの予防につながります。またビタミンAは皮膚や粘膜を健康に保ち、がんの予防に効果があるといわれています。さらにコレステロール値を下げたり便秘の解消や大腸がんの予防など内蔵に効果があります。

例えば、ハロウィンでも使われ、秋に美味しく食べられるかぼちゃの栄養素は皮に多く含まれわたに豊富に含まれています。さらに種には皮膚や髪、味覚などの障害を防止する亜鉛や、ミネラルが豊富に含まれています。食べるだけでなくかぼちゃを使ったアイテムや飾りとして使うことで、その野菜を消費し栄養素を吸収することに繋がります。さらに種には皮膚や髪、味覚などの障害を防止する亜鉛や、ミネラルが豊富に含まれています。

野菜には大切な栄養素がたっぷり

野菜には人間に必要な多くの栄養素が含まれています。栄養素だけを摂取しようと考え込んでしまうと逆にストレスになってしまいます。自然と生活の中に野菜で満たされた暮らしに変えていくことで、自然に必要な栄養素をふんだんに摂取することができるようになります。

野菜の持つ栄養素のうち、ビタミンC、E、カロチンは美容に。細胞の老化を防止する効果、免疫力を高めて、風邪などの予防につながります。またビタミンAは皮膚や粘膜を健康に保ち、がんの予防に効果があるといわれています。さらにコレステロール値を下げたり便秘の解消や大腸がんの予防など内蔵に効果があります。

例えば、ハロウィンでも使われ、秋に美味しく食べられるかぼちゃの栄養素は皮に多く含まれわたに豊富に含まれています。さらに種には皮膚や髪、味覚などの障害を防止する亜鉛や、ミネラルが豊富に含まれています。食べるだけでなくかぼちゃを使ったアイテムや飾りとして使うことで、その野菜を消費し栄養素を吸収することに繋がります。さらに種には皮膚や髪、味覚などの障害を防止する亜鉛や、ミネラルが豊富に含まれています。

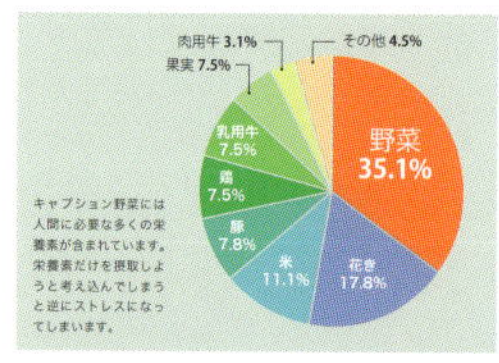

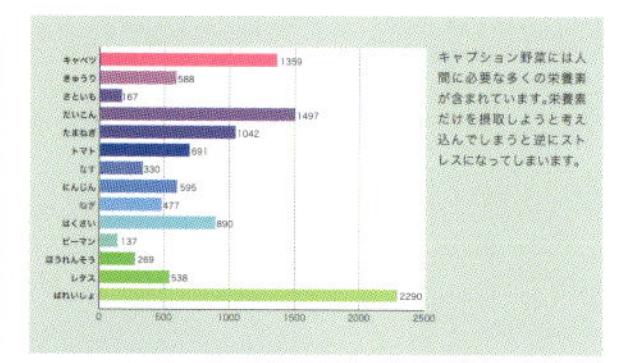

野菜の種類	エネルギー (kcal)	カリウム (mg)	マグネシウム (mg)	豊富な栄養素
アスパラガス（ゆで）	24	260	12	ビタミンB2、ナイアシン
日本かぼちゃ（ゆで）	60	480	15	ビタミンB6、食物繊維
さつまいも（蒸し）	3	490	19	βカロテン、αトコフェロール
トマト（なま）	26	210	9	ルチノール、ビタミンC、ビタミンE
白菜（ゆで）	13	160	9	ビタミンC、βクリプトキサンチン
えだまめ（ゆで）	134	490	72	ビタミンB1、ビタミンA、食物繊維

キャプション野菜には人間に必要な多くの栄養素が含まれています。栄養素だけを摂取しようと考え込んでしまうと逆にストレスになってしまいます。

2

左ページにメイン写真とタイトル回りを、右ページに横組み本文やその他の図版類をレイアウト。左ページのタイトル回りは見やすいように白の円形の上に配置しています。この作例では、写真のイメージをできるだけ損ねないように円形を透過させています。
右ページの写真は、デザインのテイストを統一するため、タイトル回りの円形にならって丸版で使用しました。

1ページ目に写真を全面に敷き、その上にタイトル回りを配置して扉ページとしたレイアウトです。

写真を生かしてイメージの強さを優先したレイアウトといえます。写真の構図を確認してメインとなる被写体に被らないように文字を配置したり、タイトル回りの視認性を確保するために文字色を変える、あるいは文字の下に帯を敷くなどの配慮が必要です。本文やその他の図版類はもう一方のページにまとめてレイアウトすることになるので、本文によって圧迫感を与えたり、図版の位置が窮屈にならないように、余白を意識するとよいでしょう。

TYPE B 縦組み

野菜の種類	エネルギー (kcal)	カリウム (mg)	マグネシウム (mg)	豊富な栄養素
アスパラガス（ゆで）	24	260	12	ビタミンB2、ナイアシン
日本かぼちゃ（ゆで）	60	480	15	ビタミンB6、食物繊維
さつまいも（蒸し）	3	490	19	βカロテン、αトコフェロール
トマト（なま）	26	210	9	ルチノール、ビタミンC、ビタミンE
白菜（ゆで）	13	160	9	ビタミンC、βクリプトキサンチン
えだまめ（ゆで）	134	490	72	ビタミンB1、ビタミンA、食物繊維

右ページにメイン写真とタイトル回りを、左ページに縦組み本文やその他の図版類をレイアウト。背景の写真がやや暗めなので、タイトル回りの文字を白抜きにして視認性を確保しました。どうしても文字が見づらいようなら、写真を邪魔しない程度のサイズで白い帯（図形）を置き、その上にタイトル回りを配置する方法もあります。
左ページは上部に本文、下部に図版類をまとめ、オーソドックスにレイアウトしています。

CASE 6 タイトル回りに写真を組み合わせる

TYPE A 横組み

身の回りを野菜で満たすベジタ"フル"ライフを
暮らしに取り入れ栄養素をふんだんに摂取しましょう。

野菜には大切な栄養素がたっぷり

野菜には人間に必要な多くの栄養素が含まれています。栄養素だけを摂取しようと考え込んでしまうと逆にストレスになってしまいます。自然と生活の中に野菜で満たされた暮らしに変えていくことで、自然に必要な栄養素をふんだんに摂取することができるようになります。

野菜の持つ栄養素のうち、ビタミンC、E、カロチンは美容に。細胞の老化を防止する効果、免疫力を高めて、風邪などの予防につながります。またビタミンAは皮膚や粘膜を健康に保ち、がんの予防に効果があるといわれています。さらにコレステロール値を下げたり便秘の解消や大腸がんの予防など内蔵に効果があります。

例えば、ハロウィンでも使われ、秋に美味しく食べられるかぼちゃの栄養素は皮に多く含まれわたに豊富に含まれています。さらに種には皮膚や髪、味覚などの障害を防止する亜鉛や、ミネラルが豊富に含まれています。食べるだけでなくかぼちゃを使ったアイテムや飾りとして使うことで、その野菜を消費し栄養素を吸収することに繋がります。さらに種には皮膚や髪、味覚などの障害を防止する亜鉛や、ミネラルが豊富に含まれています。

1

キャプション野菜には人間に必要な多くの栄養素が含まれています。栄養素だけを摂取しようとなってしまいます。

キャプション野菜には人間に必要な多くの栄養素が含まれています。栄養素だけを摂取しようとなってしまいます。

キャプション野菜には人間に必要な多くの栄養素が含まれています。栄養素だけを摂取しようとなってしまいます。

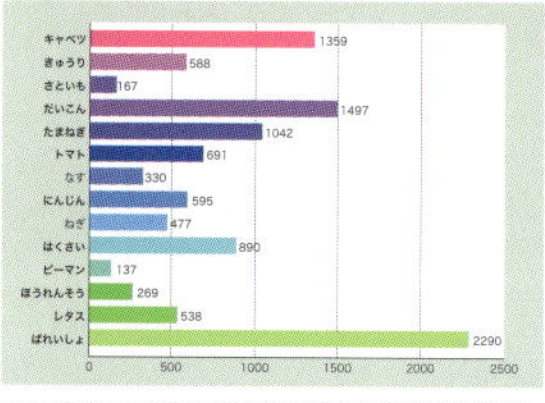

キャプション野菜には人間に必要な多くの栄養素が含まれています。栄養素だけを摂取しようと考え込んでしまうと逆にストレスになってしまいます。

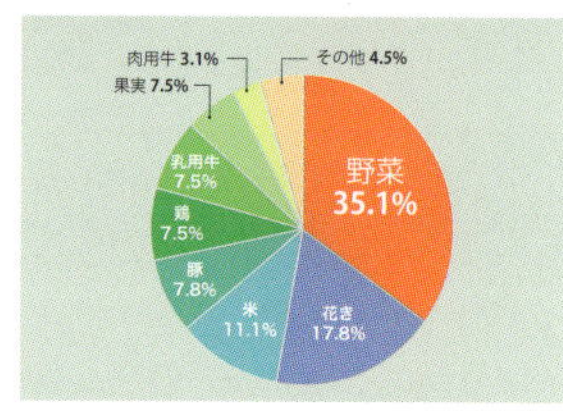

キャプション野菜には人間に必要な多くの栄養素が含まれています。栄養素だけを摂取しようと考え込んでしまうと逆にストレスになってしまいます。

野菜の種類	エネルギー (kcal)	カリウム (mg)	マグネシウム (mg)	豊富な栄養素
アスパラガス（ゆで）	24	260	12	ビタミンB2、ナイアシン
日本かぼちゃ（ゆで）	60	480	15	ビタミンB6、食物繊維
さつまいも（蒸し）	3	490	19	βカロテン、αトコフェロール
トマト（なま）	26	210	9	ルチノール、ビタミンC、ビタミンE
白菜（ゆで）	13	160	9	ビタミンC、βクリプトキサンチン
えだまめ（ゆで）	134	490	72	ビタミンB1、ビタミンA、食物繊維

キャプション野菜には人間に必要な多くの栄養素が含まれています。栄養素だけを摂取しようと考え込んでしまうと逆にストレスになってしまいます。

野菜には大切な栄養素がたっぷり

野菜には人間に必要な多くの栄養素が含まれています。栄養素だけを摂取しようと考え込んでしまうと逆にストレスになってしまいます。自然と生活の中に野菜で満たされた暮らしに変えていくことで、自然に必要な栄養素をふんだんに摂取することができるようになります。

野菜の持つ栄養素のうち、ビタミンC、E、カロチンは美容に。細胞の老化を防止する効果、免疫力を高めて、風邪などの予防につながります。またビタミンAは皮膚や粘膜を健康に保ち、がんの予防に効果があるといわれています。さらにコレステロール値を下げたり便秘の解消や大腸がんの予防など内蔵に効果があります。

例えば、ハロウィンでも使われ、秋に美味しく食べられるかぼちゃの栄養素は皮に多く含まれわたに豊富に含まれています。さらに種には皮膚や髪、味覚などの障害を防止する亜鉛や、ミネラルが豊富に含まれています。食べるだけでなくかぼちゃを使ったアイテムや飾りとして使うことで、その野菜を消費し栄養素を吸収することに繋がります。さらに種には皮膚や髪、味覚などの障害を防止する亜鉛や、ミネラルが豊富に含まれています。

2

左ページの上部にメイン写真を敷き、その上にタイトルを置いたレイアウト。リードはバランスを見て写真の下に配置しました。3段組み本文を見開きページ下部にまたがりレイアウトすることで、視線誘導をスムーズにしています。
CASE 5同様、メインとなる被写体に被らないように文字を配置したり、文字を白抜きにするなどしてタイトル回りの視認性を確保します。

1ページ目の半分ほどのスペースに写真を敷き、その上にタイトル回りを配置したレイアウトです。タイトル部分が本文と明確に区別され、いわば「準」扉ページのような役割を果たします。

CASE 5と比べて、本文や図版類のスペースを多めに確保できるため、ゆったりとしたレイアウトにしたり、要素を増やしたり、図版を大きく見せたりすることができます。横組みでは横位置で、縦組みでは縦位置で写真を配置しますが、縦位置の写真の場合はイメージカット的に用いることになるでしょう。

TYPE B 縦組み

野菜には大切な栄養素がたっぷり

野菜には人間に必要な多くの栄養素が含まれています。栄養素だけを摂取しようと考え込んでしまうと逆にストレスになってしまいます。自然と生活の中に野菜で満たされた暮らしに変えていくことで、自然に必要な栄養素をふんだんに摂取することができるようになります。

野菜の持つ栄養素のうち、ビタミンC、E、カロチンは美容に。細胞の老化を防止する効果、免疫力を高めて、

ムや飾りとして使うことで、その野菜を消費し栄養素を吸収することに繋がります。さらに種には皮膚や髪、味覚などの障害を防止する亜鉛や、ミネラルが豊富に含まれています。

野菜には大切な栄養素がたっぷり

野菜には人間に必要な多くの栄養素が含まれています。栄養素だけを摂取しようと考え込んでしまうと逆にストレスになってしまいます。自然と生活の中に野菜で満たされた暮らしに変えていくことで、自然に必要な栄養素をふんだんに摂取することができるようになります。

野菜の持つ栄養素のうち、ビタミンC、E、カロチンは美容に。細胞の老化を防止する効果、免疫力を高めて、風邪などの予防につながります。またビタミンAは皮膚や粘膜を健康に保ち、がんの予防に効果があるといわれています。さらにコレステロール値を下げたり便秘の解消や大腸がんの予防など内蔵に効果があります。

例えば、ハロウィンでも使われ、秋に美味しく食べられるかぼちゃの栄養素は皮に多く含まれわたに豊富に含まれています。さらに種には皮膚や髪、味覚などの障害を防止する亜鉛や、ミネラルが豊富に含まれています。食べ

風邪などの予防につながります。またビタミンAは皮膚や粘膜を健康に保ち、がんの予防に効果があるといわれています。さらにコレステロール値を下げたり便秘の解消や大腸がんの予防など内蔵に効果があります。

例えば、ハロウィンでも使われ、秋に美味しく食べられるかぼちゃの栄養素は皮に多く含まれわたに豊富に含まれています。さらに種には皮膚や髪、味覚などの障害を防止する亜鉛や、ミネラルが豊富に含まれています。食べるだけでなくかぼちゃを使ったアイテ

るだけでなくかぼちゃを使ったアイテムや飾りとして使うことで、その野菜を消費し栄養素を吸収することに繋がります。さらに種には皮膚や髪、味覚などの障害を防止する亜鉛や、ミネラルが豊富に含まれています。その野菜を消費し栄養素を吸収することに繋がります。さらに種には皮膚や髪、味覚などの障害を防止する亜鉛や、ミネラルが豊富に含まれています。

キャプション野菜には人間に必要な多くの栄養素が含まれています。栄養素だけを摂取しようと考え込んでしまうと逆にストレスになってしまいます。

キャプション野菜には人間に必要な多くの栄養素が含まれています。栄養素だけを摂取しようと考え込んでしまうと逆にストレスになってしまいます。

1

キャプション野菜には人間に必要な多くの栄養素が含まれています。栄養素だけを摂取しようと考え込んでしまうと逆にストレスになってしまいます。

キャプション野菜には人間に必要な多くの栄養素が含まれています。栄養素だけを摂取しようと考え込んでしまうと逆にストレスになってしまいます。

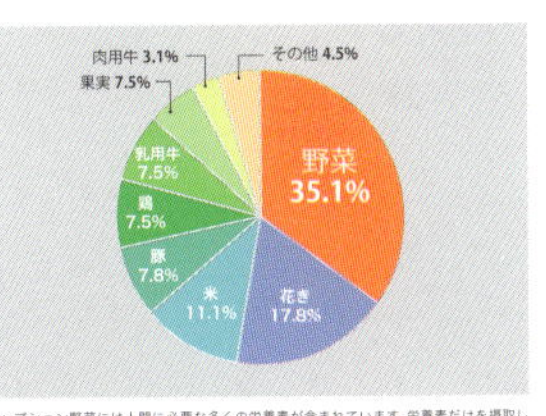

キャプション野菜には人間に必要な多くの栄養素が含まれています。栄養素だけを摂取しようと考え込んでしまうと逆にストレスになってしまいます。

野菜の種類	エネルギー (kcal)	カリウム (mg)	マグネシウム (mg)	豊富な栄養素
アスパラガス（ゆで）	24	260	12	ビタミンB2、ナイアシン
日本かぼちゃ（ゆで）	60	480	15	ビタミンB6、食物繊維
さつまいも（蒸し）	3	490	19	βカロテン、αトコフェロール
トマト（なま）	26	210	9	ルチノール、ビタミンC、ビタミンE
白菜（ゆで）	13	160	9	ビタミンC、βクリプトキサンチン
えだまめ（ゆで）	134	490	72	ビタミンB1、ビタミンA、食物繊維

キャプション野菜には人間に必要な多くの栄養素が含まれています。栄養素だけを摂取しようと考え込んでしまうと逆にストレスになってしまいます。

2

右ページのおおよそ右半分にメイン写真を敷き、その上にリードを含むタイトル回りを置いたレイアウト。写真が縦長のトリミングになってしまうので、しっかり被写体を見せるというよりは地紋的な扱いとなります。

ここでは本文は4段組みの上部2段を使って、見開きにまたがりレイアウトしています。文字量によってスペースがきっちり埋まらないときは、視線誘導や図版の配置に留意してレイアウトを行います。

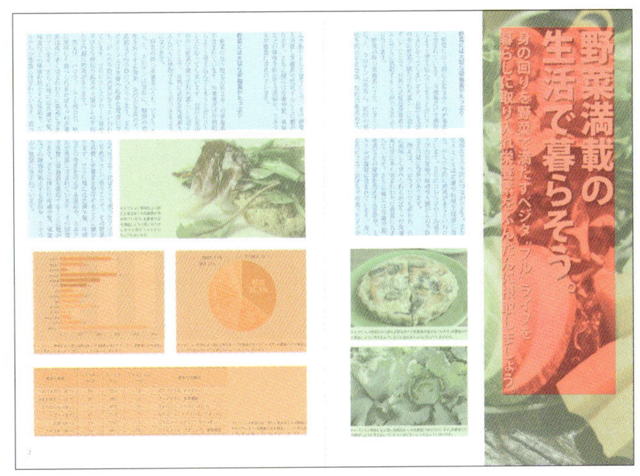

CASE 7

文字組みの間に図版類を配置する

TYPE A 横組み

野菜満載の生活で暮らそう。

身の回りを野菜で満たす
ベジタ"フル"ライフを暮らしに取り入れ
栄養素をふんだんに摂取しましょう。

野菜には大切な栄養素がたっぷり

野菜には人間に必要な多くの栄養素が含まれています。栄養素だけを摂取しようと考え込んでしまうと逆にストレスになってしまいます。自然と生活の中に野菜で満たされた暮らしに変えていくことで、自然に必要な栄養素をふんだんに摂取することができるようになります。

野菜の持つ栄養素のうち、ビタミンC、E、カロチンは美容に。細胞の老化を防止する効果、免疫力を高めて、風邪などの予防につながります。またビタミンAは皮膚や粘膜を健康に保ち、がんの予防に効果があるといわれています。さらにコレステロール値を

キャプション野菜には人間に必要な多くの栄養素が含まれています。栄養素だけを摂取しようとなってしまいます。

下げたり便秘の解消や大腸がんの予防など内蔵に効果があります。

例えば、ハロウィンでも使われ、秋に美味しく食べられるかぼちゃの栄養素は皮に多く含まれわたに豊富に含まれています。さらに種には皮膚や髪、味覚などの障害を防止する亜鉛や、ミネラルが豊富に含まれています。食べるだけでなくかぼちゃを使ったアイテムや飾りとして使うことで、その野菜を消費し栄養素を吸収することに繋がります。さらに種には皮膚や髪、味覚などの障害を防止する亜鉛や、ミネラルが豊富に含まれています。

野菜には大切な栄養素がたっぷり

野菜には人間に必要な多くの栄養素が含まれています。栄養素だけを摂取しようと考え込んでしまうと逆にストレスになってしまいます。自然と生活の中に野菜で満たされた暮らしに変えていくことで、自然に必要な栄養素をふんだんに摂取することができるようになります。

キャプション野菜には人間に必要な多くの栄養素が含まれています。栄養素だけを摂取しようとなってしまいます。

野菜の持つ栄養素のうち、ビタミンC、E、カロチンは美容に。細胞の老化を防止する効果、免疫力を高めて、風邪などの予防につながります。またビタミンAは皮膚や粘膜を健康に保ち、がんの予防に効果があるといわれています。さらにコレステロール値を下げたり便秘の解消や大腸がんの予防など内蔵に効果があります。

例えば、ハロウィンでも使われ、秋に美味しく食べられるかぼちゃの栄養素は皮に多く含まれわたに豊富に含まれています。さらに種には皮膚や髪、味覚などの障害を防止する亜鉛や、ミネラルが豊富に含まれています。食べるだけでなくかぼちゃを使ったアイテムや飾りとして使うことで、その野菜

1

キャプション野菜には人間に必要な多くの栄養素が含まれています。栄養素だけを摂取しようとなってしまいます。

を消費し栄養素を吸収することに繋がります。さらに種には皮膚や髪、味覚などの障害を防止する亜鉛や、ミネラルが豊富に含まれています。

るといわれています。さらにコレステロール値を下げたり便秘の解消や大腸がんの予防など内蔵に効果があります。

例えば、ハロウィンでも使われ、秋に美味しく食べられるかぼちゃの栄養素は皮に多く含まれわたに豊富に含まれています。さらに種には皮膚や髪、味覚などの障害を防止する亜鉛や、ミネラルが豊富に含まれています。食べるだけでなくかぼちゃを使ったアイテムや飾りとして使うことで、その野菜を消費し栄養素を吸収することに繋がります。さらに種には皮膚や髪、味覚などの障害を防止する亜鉛や、ミネラルが豊富に含まれています。

野菜には大切な栄養素がたっぷり

野菜には人間に必要な多くの栄養素が含まれています。栄養素だけを摂取しようと考え込んでしまうと逆にストレスになってしまいます。自然と生活の中に野菜で満たされた暮らしに変えていくことで、自然に必要な栄養素をふんだんに摂取することができるようになります。

野菜の持つ栄養素のうち、ビタミンC、E、カロチンは美容に。細胞の老化を防止する効果、免疫力を高めて、風邪などの予防につながります。またビタミンAは皮膚や粘膜を健康に保ち、がんの予防に効果があるといわれています。さらにコレステロール値を下げたり便秘の解消や大腸がんの予防など内蔵に効果があります。

例えば、ハロウィンでも使われ、秋に美味しく食べられるかぼちゃの栄養素は皮に多く含まれわたに豊富に含まれています。さらに種には皮膚や髪、味覚などの障害を防止する亜鉛や、ミネラルが豊富に含まれています。食べるだけでなくかぼちゃを使ったアイテムや飾りとして使うことで、その野菜を消費し栄養素を吸収することに繋がります。さらに種には皮膚や髪、味覚などの障害を防止する亜鉛や、ミネラルが豊富に含まれています。

キャプション野菜には人間に必要な多くの栄養素が含まれています。栄養素だけを摂取しようとなってしまいます。

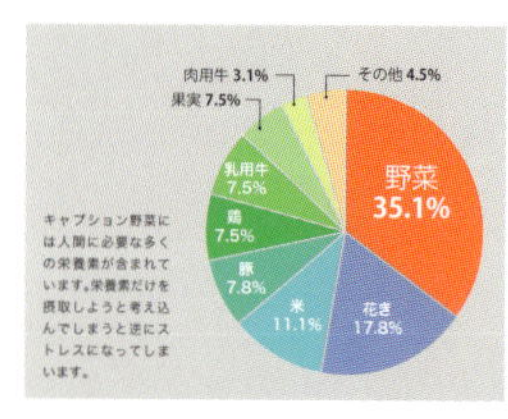

キャプション野菜には人間に必要な多くの栄養素が含まれています。栄養素だけを摂取しようと考え込んでしまうと逆にストレスになってしまいます。

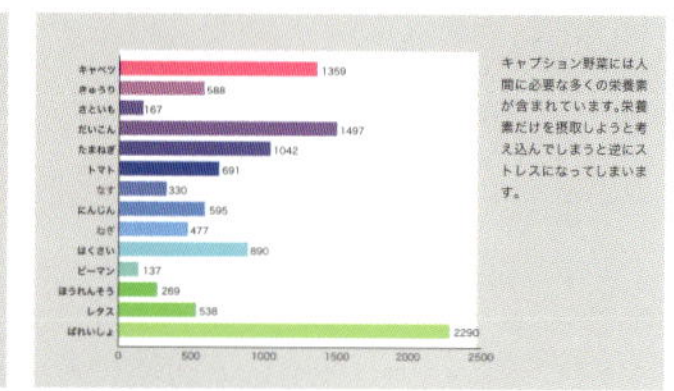

キャプション野菜には人間に必要な多くの栄養素が含まれています。栄養素だけを摂取しようと考え込んでしまうと逆にストレスになってしまいます。

野菜の種類	エネルギー (kcal)	カリウム (mg)	マグネシウム (mg)	豊富な栄養素
アスパラガス（ゆで）	24	260	12	ビタミンB2、ナイアシン
日本かぼちゃ（ゆで）	60	480	15	ビタミンB6、食物繊維
さつまいも（蒸し）	3	490	19	βカロテン、αトコフェロール
トマト（なま）	26	210	9	ルチノール、ビタミンC、ビタミンE
白菜（ゆで）	13	160	9	ビタミンC、βクリプトキサンチン
えだまめ（ゆで）	134	490	72	ビタミンB1、ビタミンA、食物繊維

キャプション野菜には人間に必要な多くの栄養素が含まれています。栄養素だけを摂取しようと考え込んでしまうと逆にストレスになってしまいます。

2

横組み本文を見開きにわたって3段組みで組んで、本文の間に写真を配置したレイアウト。タイトル回りはオーソドックスに左上に置き、視線の流れをコントロールしています。
写真は、バランスを取るためジグザグ交互になるように意識して配置しています。数値データとして関連性のあるグラフと表組みは、右ページ下部のスペースにまとめてレイアウトしました。

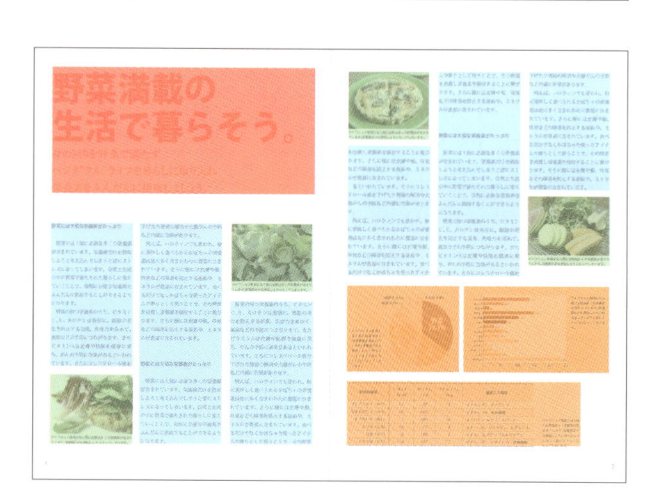

本文を見開き全体にわたって組んで、図版類を本文の間に配置したレイアウトです。

図版類を揃えたりまとめて配置した場合よりも写真がアクセントとなり、読む側を飽きさせないレイアウトになります。また、文章に該当する図版を近くに配置できるという利点もあります。しかし、適当に図版を配置すると、読みづらくとりとめのない印象の見た目となってしまいます。基本としては、視線の流れに配慮しながら図版をジグザグ交互に配置する、関係性のある図版類はまとめるなどすると、全体的にバランスよく仕上がります。

TYPE B 縦組み

野菜満載の生活で暮らそう。

身の回りを野菜で満たすベジタ〝フル〟ライフを暮らしに取り入れ栄養素をふんだんに摂取しましょう。

野菜には大切な栄養素がたっぷり

野菜には人間に必要な多くの栄養素が含まれています。栄養素だけを摂取しようと考え込んでしまうと逆にストレスになってしまいます。自然と生活の中に野菜で満たされた暮らしに変えていくことで、自然に必要な栄養素をふんだんに摂取することができるようになります。

野菜の持つ栄養素のうち、ビタミンC、E、カロチンは美容に。細胞の老化を防止する効果、免疫力を高めて、風邪などの予防につながります。またビタミンAは皮膚や粘膜を健康に保ち、がんの予防に効果があるといわれています。さらにコレステロール値を下げたり便秘の解消や大腸がんの予防など内蔵に効果があります。

例えば、ハロウィンでも使われ、秋に美味しく食べられるかぼちゃの栄養素は皮に多く含まれわたに豊富に含まれています。さらに種には皮膚や髪、味覚などの障害を防止する亜鉛や、ミネラルが豊富に含まれています。食べるだけでなくかぼちゃを使ったアイテムや飾りとして使うことで、その野菜を消費し栄養素を吸収することに繋がります。さらに種には皮膚や髪、味覚などの障害を防止する亜鉛や、ミネラルが豊富に含まれています。

野菜には大切な栄養素がたっぷり

野菜には人間に必要な多くの栄養素が含まれています。栄養素だけを摂取しようと考え込んでしまうと逆にストレスになってしまいます。自然と生活の中に野菜で満たされた暮らしに変えていくことで、自然に必要な栄養素をふんだんに摂取することができるようになります。

キャプション野菜には人間に必要な多くの栄養素が含まれています。栄養素だけを摂取しようと考え込んでしまうと逆にストレスになってしまいます。

野菜の持つ栄養素のうち、ビタミンC、E、カロチンは美容に。細胞の老化を防止する効果、免疫力を高めて、風邪などの予防につながります。またビタミンAは皮膚や粘膜を健康に保ち、がんの予防に効果があるといわれています。さらにコレステロール値を下げたり便秘の解消や大腸がんの予防など内蔵に効果があります。

例えば、ハロウィンでも使われ、秋に美味しく食べられるかぼちゃの栄養素は皮に多く含まれわたに豊富に含まれています。さらに種には皮膚や髪、味覚などの障害を防止する亜鉛や、ミネラルが豊富に含まれています。食べるだけでなくかぼちゃを使ったアイテムや飾りとして使うことで、その野菜

キャプション野菜には人間に必要な多くの栄養素が含まれています。栄養素だけを摂取しようと考え込んでしまうと逆にストレスになってしまいます。

1

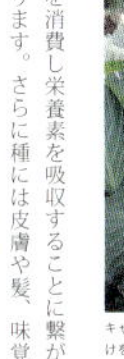

キャプション野菜には人間に必要な多くの栄養素が含まれています。栄養素だけを摂取しようと考え込んでしまうと逆にストレスになってしまいます。

を消費し栄養素を吸収することに繋がります。さらに種には皮膚や髪、味覚などの障害を防止する亜鉛や、ミネラルが豊富に含まれています。

野菜には大切な栄養素がたっぷり

野菜には人間に必要な多くの栄養素が含まれています。栄養素だけを摂取しようと考え込んでしまうと逆にストレスになってしまいます。自然と生活の中に野菜で満たされた暮らしに変えていくことで、自然に必要な栄養素をふんだんに摂取することができるようになります。

野菜の持つ栄養素のうち、ビタミンC、E、カロチンは美容に。細胞の老化を防止する効果、免疫力を高めて、風邪などの予防につながります。またビタミンAは皮膚や粘膜を健康に保ち、がんの予防に効果があるといわれています。さらにコレステロール値を下げたり便秘の解消や大腸がんの予防など内蔵に効果があります。

例えば、ハロウィンでも使われ、秋に美味しく食べられるかぼちゃの栄養素は皮に多く含まれわたに豊富に含まれています。さらに種には皮膚や髪、味覚などの障害を防止する亜鉛や、ミネラルが豊富に含まれています。食べるだけでなくかぼちゃを使ったアイテムや飾りとして使うことで、その野菜を消費し栄養素を吸収することに繋がります。さらに種には皮膚や髪、味覚などの障害を防止する亜鉛や、ミネラルが豊富に含まれています。

肉用牛 3.1%
その他 4.5%
果実 7.5%
乳用牛 7.6%
鶏 7.5%
豚 7.8%
米 11.1%
花き 17.8%
野菜 35.1%

キャプション野菜には人間に必要な多くの栄養素が含まれています。栄養素だけを摂取しようと考え込んでしまうと逆にストレスになってしまいます。

キャベツ 1359
きゅうり 586
さといも 167
だいこん 1497
たまねぎ 1042
トマト 691
なす 330
にんじん 595
ねぎ 477
はくさい 890
ピーマン 137
ほうれんそう 269
レタス 538
ばれいしょ 2290
0 500 1000 1500 2000 2500

キャプション野菜には人間に必要な多くの栄養素が含まれています。栄養素だけを摂取しようと考え込んでしまうと逆にストレスになってしまいます。

野菜の種類	エネルギー (kcal)	カリウム (mg)	マグネシウム (mg)	豊富な栄養素
アスパラガス（ゆで）	24	260	12	ビタミンB2、ナイアシン
日本かぼちゃ（ゆで）	60	480	15	ビタミンB6、食物繊維
さつまいも（蒸し）	3	490	19	βカロテン、αトコフェロール
トマト（なま）	26	210	9	ルチノール、ビタミンC、ビタミンE
白菜（ゆで）	13	160	9	ビタミンC、βクリプトキサンチン
えだまめ（ゆで）	134	490	72	ビタミンB1、ビタミンA、食物繊維

キャプション野菜には人間に必要な多くの栄養素が含まれています。栄養素だけを摂取しようと考え込んでしまうと逆にストレスになってしまいます。

2

縦組み本文を見開きにわたって4段組みで組んで、本文の間に写真を配置したレイアウト。タイトル回りはオーソドックスに右上に置き、視線の流れをコントロールしています。
写真は、バランスを取るためジグザグ交互になるように意識して配置しています。数値データとして関連性のあるグラフと表組みは、左ページの左下あたりにまとめてレイアウトしました。

CASE 8

本文と図版を分割して配置する

TYPE A　整然と配置する

野菜満載の生活で暮らそう。

身の回りを野菜で満たす
ベジタ"フル"ライフを暮らしに取り入れ
栄養素をふんだんに摂取しましょう。

野菜には大切な栄養素がたっぷり

野菜には人間に必要な多くの栄養素が含まれています。栄養素だけを摂取しようと考え込んでしまうと逆にストレスになってしまいます。自然と生活の中に野菜で満たされた暮らしに変えていくことで、自然に必要な栄養素をふんだんに摂取することができるようになります。

キャプション野菜には人間に必要な多くの栄養素が含まれています。栄養素だけを摂取しようと考え込んでしまうと逆にストレスになってしまいます。

野菜には大切な栄養素がたっぷり

野菜には人間に必要な多くの栄養素が含まれています。栄養素だけを摂取しようと考え込んでしまうと逆にストレスになってしまいます。自然と生活の中に野菜で満たされた暮らしに変えていくことで、自然に必要な栄養素をふんだんに摂取することができるようになります。

キャプション野菜には人間に必要な多くの栄養素が含まれています。栄養素だけを摂取しようと考え込んでしまうと逆にストレスになってしまいます。

野菜には大切な栄養素がたっぷり

野菜には人間に必要な多くの栄養素が含まれています。栄養素だけを摂取しようと考え込んでしまうと逆にストレスになってしまいます。自然と生活の中に野菜で満たされた暮らしに変えていくことで、自然に必要な栄養素をふんだんに摂取することができるようになります。

キャプション野菜には人間に必要な多くの栄養素が含まれています。栄養素だけを摂取しようと考え込んでしまうと逆にストレスになってしまいます。

1

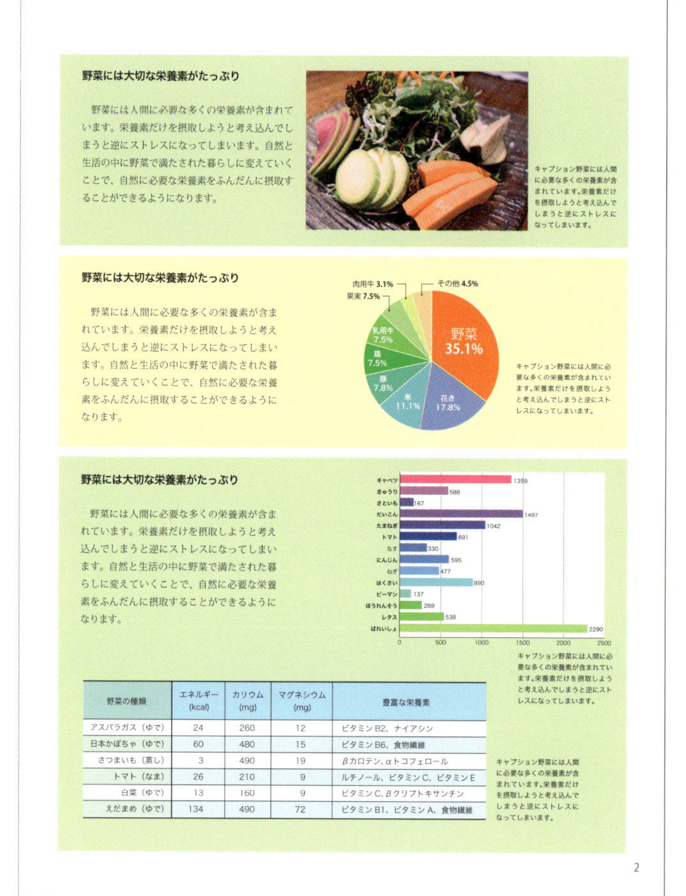

野菜の種類	エネルギー (kcal)	カリウム (mg)	マグネシウム (mg)	豊富な栄養素
アスパラガス（ゆで）	24	260	12	ビタミンB2、ナイアシン
日本かぼちゃ（ゆで）	60	480	15	ビタミンB6、食物繊維
さつまいも（蒸し）	3	490	19	βカロテン、αトコフェロール
トマト（なま）	26	210	9	ルチノール、ビタミンC、ビタミンE
白菜（ゆで）	13	160	9	ビタミンC、βクリプトキサンチン
えだまめ（ゆで）	134	490	72	ビタミンB1、ビタミンA、食物繊維

スペースを等分割して地色を敷き（長方形を配置し）、項目ごとに整然と並べたレイアウトです。地色は交互に違う色を指定し、項目ごとに区別が付きやすくしています。
要素が多い項目は、複数の項目のスペースを合わせ1項目として、要素をレイアウトしています。それぞれの項目には、見出しを立てるようにして、読む側が目的の項目をすぐに見つけ出せるようにするとよいでしょう。

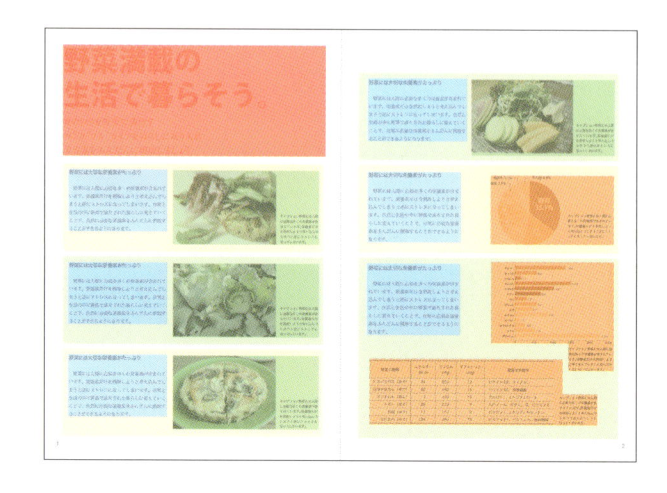

本文を分割し、それに対応する図版とひとまとまりにして、それぞれ個別に配置するレイアウトです。これまでのバリエーションと比べるとややイレギュラーなレイアウトですが、うまく要素を分けられるのであれば検討する価値があるでしょう。

カタログなどでよく目にするレイアウトですが、気になった項目ごとに拾い読みができるという利点があり、雑誌などでも採用されています。コラムのように一定のスペースを地色や罫線などで区切ることで、多少文字量の違いなどがあっても項目ごとの統一感が生まれます。

TYPE B　ランダムに配置する

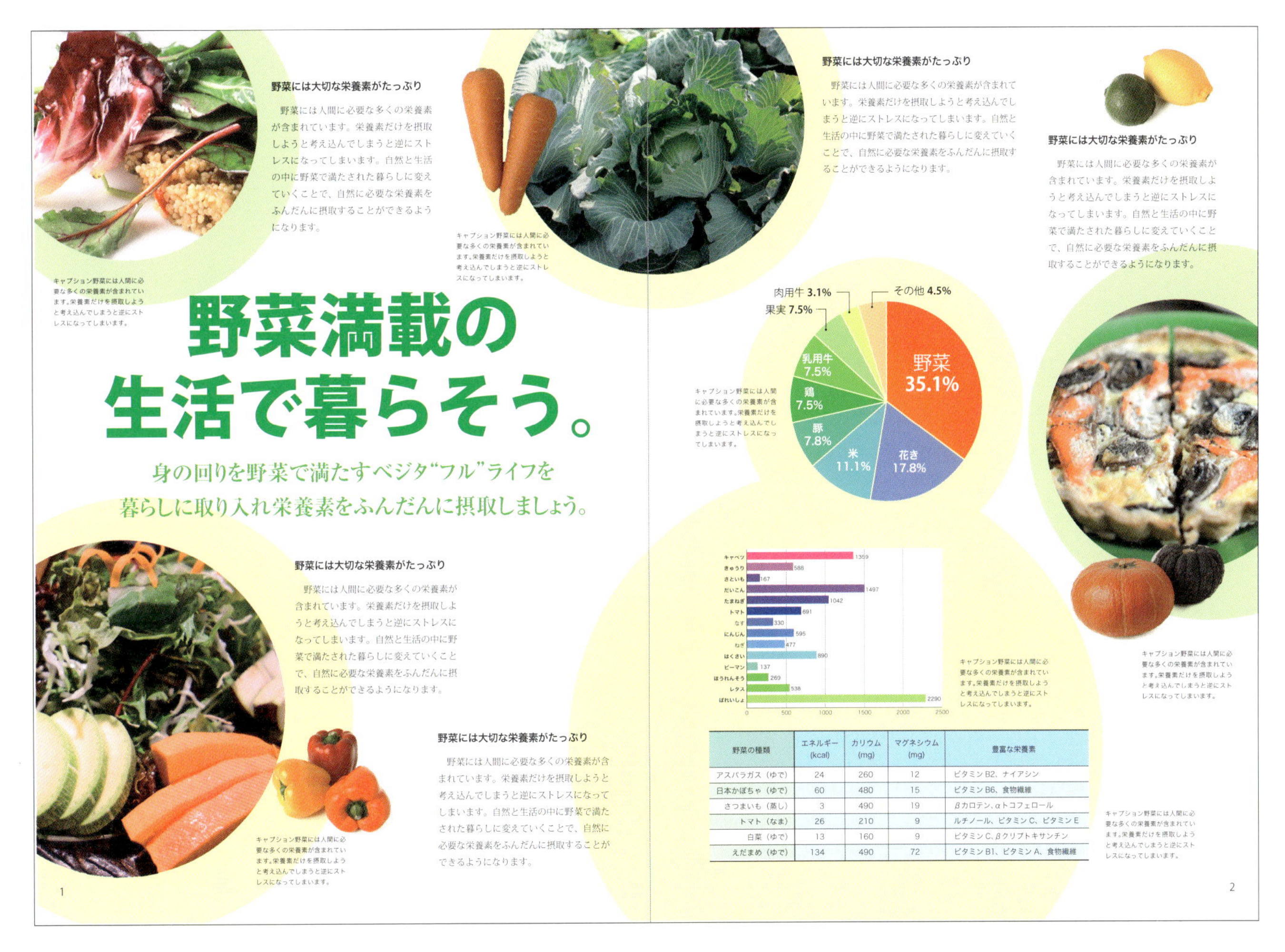

野菜満載の生活で暮らそう。

身の回りを野菜で満たすベジタ"フル"ライフを
暮らしに取り入れ栄養素をふんだんに摂取しましょう。

野菜には大切な栄養素がたっぷり

野菜には人間に必要な多くの栄養素が含まれています。栄養素だけを摂取しようと考え込んでしまうと逆にストレスになってしまいます。自然と生活の中に野菜で満たされた暮らしに変えていくことで、自然に必要な栄養素をふんだんに摂取することができるようになります。

キャプション野菜には人間に必要な多くの栄養素が含まれています。栄養素だけを摂取しようと考え込んでしまうと逆にストレスになってしまいます。

キャプション野菜には人間に必要な多くの栄養素が含まれています。栄養素だけを摂取しようと考え込んでしまうと逆にストレスになってしまいます。

野菜には大切な栄養素がたっぷり

野菜には人間に必要な多くの栄養素が含まれています。栄養素だけを摂取しようと考え込んでしまうと逆にストレスになってしまいます。自然と生活の中に野菜で満たされた暮らしに変えていくことで、自然に必要な栄養素をふんだんに摂取することができるようになります。

野菜には大切な栄養素がたっぷり

野菜には人間に必要な多くの栄養素が含まれています。栄養素だけを摂取しようと考え込んでしまうと逆にストレスになってしまいます。自然と生活の中に野菜で満たされた暮らしに変えていくことで、自然に必要な栄養素をふんだんに摂取することができるようになります。

野菜には大切な栄養素がたっぷり

野菜には人間に必要な多くの栄養素が含まれています。栄養素だけを摂取しようと考え込んでしまうと逆にストレスになってしまいます。自然と生活の中に野菜で満たされた暮らしに変えていくことで、自然に必要な栄養素をふんだんに摂取することができるようになります。

キャプション野菜には人間に必要な多くの栄養素が含まれています。栄養素だけを摂取しようと考え込んでしまうと逆にストレスになってしまいます。

野菜には大切な栄養素がたっぷり

野菜には人間に必要な多くの栄養素が含まれています。栄養素だけを摂取しようと考え込んでしまうと逆にストレスになってしまいます。自然と生活の中に野菜で満たされた暮らしに変えていくことで、自然に必要な栄養素をふんだんに摂取することができるようになります。

キャプション野菜には人間に必要な多くの栄養素が含まれています。栄養素だけを摂取しようと考え込んでしまうと逆にストレスになってしまいます。

キャプション野菜には人間に必要な多くの栄養素が含まれています。栄養素だけを摂取しようと考え込んでしまうと逆にストレスになってしまいます。

キャプション野菜には人間に必要な多くの栄養素が含まれています。栄養素だけを摂取しようと考え込んでしまうと逆にストレスになってしまいます。

野菜の種類	エネルギー (kcal)	カリウム (mg)	マグネシウム (mg)	豊富な栄養素
アスパラガス（ゆで）	24	260	12	ビタミンB2、ナイアシン
日本かぼちゃ（ゆで）	60	480	15	ビタミンB6、食物繊維
さつまいも（蒸し）	3	490	19	βカロテン、αトコフェロール
トマト（なま）	26	210	9	ルチノール、ビタミンC、ビタミンE
白菜（ゆで）	13	160	9	ビタミンC、βクリプトキサンチン
えだまめ（ゆで）	134	490	72	ビタミンB1、ビタミンA、食物繊維

キャプション野菜には人間に必要な多くの栄養素が含まれています。栄養素だけを摂取しようと考え込んでしまうと逆にストレスになってしまいます。

1　2

円形の地色を敷き（円を配置し）、項目ごとにランダムに配置したレイアウトです。円の中にすべての要素が収まる必要はなく、円に文字や図版の一部がかかるようにレイアウトするのがポイントです。円の大きさも要素の分量やサイズによって変えられるなど自由度の高いレイアウトといえます。ここでは丸版写真を使って変化をつけましたが、切り抜き写真を用いるとデザインとして映えます。

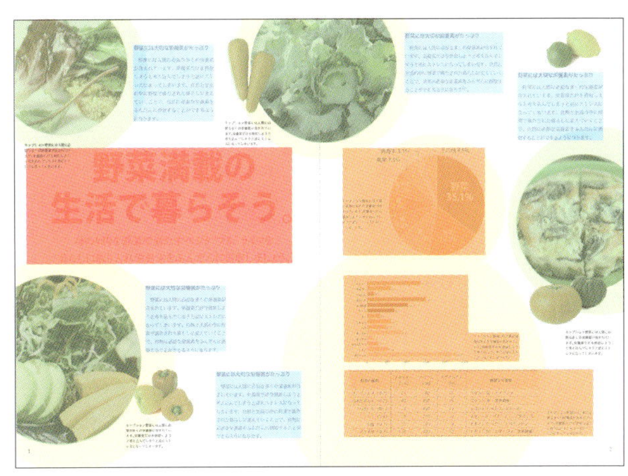

著者紹介

樋口 泰行 ひぐち やすゆき

樋口デザイン事務所代表。海外向け広告代理店でのディレクターを経て、グラフィックデザイナーとして独立。イラスト、広告、DTP、Webデザイン、映像制作など多岐にわたって手がける。また、クリエイティブ関連のテクニカルライティング、取材執筆も行う。著書に『だれでもレイアウトデザインができる本』『だれでもプレゼンシート+ポートフォリオをデザインできる本』（いずれもエクスナレッジ刊）等がある。

デザインのバリエーションや代案をくださいと言われてももう悩まない本。

2016年1月29日　初版第1刷発行

著　　者　樋口 泰行

発 行 者　澤井 聖一

発 行 所　株式会社エクスナレッジ

〒106-0032　東京都港区六本木7-2-26

http://www.xknowledge.co.jp/

問合せ先

編　　集　FAX 03-3403-0582／info@xknowledge.co.jp

販　　売　TEL 03-3403-1321／FAX 03-3403-1829／info@xknowledge.co.jp